AutoCAD 2016 机械制图实用教程

邹修敏　主　编

周林军　陈晓燕　副主编

化学工业出版社

·北京·

本书以 AutoCAD2016 简体中文版为基础，系统完整地讲述了 AutoCAD 的基本操作及如何使用 Auto-CAD 绘制二维、三维图形。主要内容有：AutoCAD 2016 应用基础、简单平面图形的绘制与编辑、复杂平面图形的绘制与编辑、文字及尺寸标注、AutoCAD 2016 辅助功能、工程图样绘制综合实例、装配图绘制、轴测图绘制、三维实体建模、文件输出与打印。每章后配有难度适中的相应同步练习题，学生可以上机进行实际操作。

　　本书既可作为高等院校、高等职业学院 AutoCAD 课程的教材，又可作为 AutoCAD 技能培训教材，还可供企业工程技术人员使用和参考。

图书在版编目（CIP）数据

AutoCAD 2016 机械制图实用教程/邹修敏主编. —北京：化学工业出版社，2017.9（2022.8 重印）
　ISBN 978-7-122-30200-7

Ⅰ.①A⋯　Ⅱ.①邹⋯　Ⅲ.①机械制图-AutoCAD 软件-教材　Ⅳ.①TH126

中国版本图书馆 CIP 数据核字（2017）第 164573 号

责任编辑：高　钰　　　　　　　　　　　　文字编辑：陈　喆
责任校对：宋　玮　　　　　　　　　　　　装帧设计：刘丽华

出版发行：化学工业出版社（北京市东城区青年湖南街 13 号　邮政编码 100011）
印　　装：北京七彩京通数码快印有限公司
787mm×1092mm　1/16　印张 13¾　字数 334 千字　2022 年 8 月北京第 1 版第 7 次印刷

购书咨询：010-64518888　　　　　　　　　售后服务：010-64518899
网　　址：http://www.cip.com.cn
凡购买本书，如有缺损质量问题，本社销售中心负责调换。

定　　价：36.00 元

AutoCAD 软件是知名的计算机辅助设计和制造软件，其强大的功能和简洁易学的界面得到广大工程技术人员的欢迎，该软件广泛应用于电子、机械、建筑、航空航天等领域。机械制造业的人员，须具备能熟练使用该软件的能力。因此，本书注重理论讲解，又注重实际的操作应用；介绍了 AutoCAD 的基本使用功能，又能引导学生进行自我提高，培养学生的自主学习能力。

本书内容丰富，系统性强，书中案例与实际生产相关。本书由学校教师和企业引进高级工程师共同编写，笔者从事多年机械类基础课程教学工作，具有丰富的教学和应用经验，因而，本书将理论与实践进行了很好的结合，工程设计与计算机软件应用紧密结合，对学生进行基础知识和实践技能相结合的系统培养。

本书以 AutoCAD 2016 简体中文版为基础，以实例为主线，循序渐进，合理地安排内容。

本书主要内容如下：

第 1 章，介绍 AutoCAD 2016 的基本工作界面和基本操作，包括缩放、撤销、移动、图层设置和文件管理等内容，让读者既能掌握该软件的基本操作，又能进行基本的绘图环境设置。

第 2 章，介绍简单平面图形的绘制与编辑，包括直线、圆弧、简单曲线的绘制，对常用绘图工具的熟练使用，旋转、缩放、移动、镜像、偏移、剪切和延伸等编辑操作。

第 3 章，介绍复杂平面图形的绘制和编辑，包括多段线、样条曲线、正多边形、椭圆的线条绘制，阵列、图案填充、合并、断开、拉伸的操作编辑。

第 4 章，介绍文字及尺寸标注，包括文字样式、尺寸样式的设置与管理，常见的尺寸、公差和文字的标注及修改方法。

第 5 章，介绍 AutoCAD 2016 的辅助功能，包括查询、设计中心和工具选项板功能的使用，图块与属性块的使用。

第 6 章，对前面章节的内容进行综合应用，以典型零件工程图的绘制为例，介绍绘制标准图样的方法和步骤。

第 7 章，对装配图的绘制和标注进行介绍，通过典型零部件装配图的绘制让学生受到综合训练。

第 8 章，介绍轴测图的绘制，包括对轴测图的环境设置、轴测图绘制方法和标注方法。

第 9 章，介绍三维建模的功能，包括基本的创建方法和编辑方法。

第 10 章，介绍文件的输出和打印，包括图纸空间和模型空间，图纸输出与打印设置和方法。

　　每章之后都有配套同步练习题，内容涵盖了本章学习过程中的重点和难点，以及绘图技巧，完成这些习题的练习，有助于读者加深对该内容的理解，有益于提高绘图的技巧和方法。

　　参与本书编写工作的有：邹修敏、周林军、陈晓燕、曾敏、牟均、彭悦蓉、谢骎，全书由邹修敏任主编，周林军、陈晓燕任副主编，曾敏、牟均、彭悦蓉、谢骎参加编写。

　　由于编者水平有限，书中难免有不足之处，恳请广大读者批评指正。

编　者

2017 年 4 月

目录

第1章
AutoCAD 2016应用基础

图形是表达和交流技术思想的工具。随着 CAD（计算机辅助设计）技术的飞速发展和普及，越来越多的工程设计人员开始使用计算机软件绘制各种图形，从而解决了传统手工绘图中存在的效率低、绘图准确度差及劳动强度大等缺点。在目前的计算机绘图领域，AutoCAD 是使用最为广泛的计算机绘图软件。

AutoCAD 是由美国 Autodesk 公司开发的通用计算机辅助绘图与设计软件包，具有易于掌握、使用方便、体系结构开放等特点，深受广大工程技术人员的欢迎。AutoCAD 自1982 年问世以来，已经进行了近 26 次的升级，从而使其功能逐渐强大，且日趋完善。如今，AutoCAD 已广泛应用于机械、建筑、电子、航天、造船、石油化工、土木工程、冶金、农业、气象、纺织、轻工业等领域。在中国，AutoCAD 已成为工程设计领域中应用范围最为广泛的计算机辅助设计软件之一。

1.1 AutoCAD 2016 基本操作

1.1.1 AutoCAD 2016 用户界面

AutoCAD 2016 的经典工作界面由标题栏、菜单栏、各种工具栏、绘图窗口、光标、命令窗口、状态栏、坐标系图标、模型、布局选项卡和菜单浏览器等组成，如图 1-1 所示。

AutoCAD 2016 的人机交互界面由标题栏、菜单栏、工具栏、绘图窗口、光标、命令窗口、状态栏、坐标系图标、状态行等区域组成，AutoCAD 2016 启动后，其界面如图 1-1所示。

（1）标题栏

标题栏位于人机交互界面的最上方，与其他 Windows 应用程序类似，用于显示AutoCAD 2016 的程序图标以及当前所操作图形文件的名称和路径。单击标题栏右侧的各个按钮，可分别实现窗口的最小化，还原（或最大化）以及关闭 AutoCAD 2016 窗口等操作。

（2）菜单栏

菜单栏是主菜单，AutoCAD 的大部分命令都集中编排在菜单栏中。这些菜单采用级联的方式，单击菜单栏中的某一项，会弹出相应的下拉菜单。在菜单栏中包含的内容有【文件】、【编辑】、【视图】、【插入】、【格式】、【工具】、【绘图】、【标注】、【修改】、【窗口】和【帮助】。各菜单所包含的命令功能如下。

【文件】：文件的新建，打开，保存，另存为、关闭及打印等。

【编辑】：图形的复制、剪切、放弃、重做等。

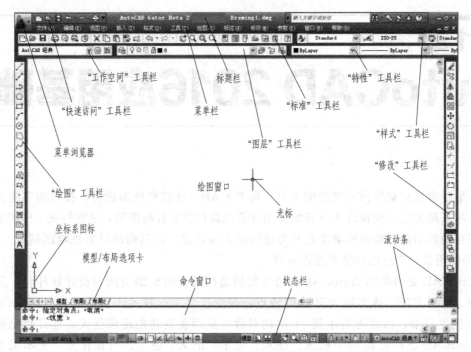

图 1-1　AutoCAD 2016 界面

【视图】：调整视图的显示，如重生成、缩放、平移、显示等。

【插入】：用于插入块、外部参照、点云或者超链接等。

【格式】：用于设置图形图层、线型、线宽、文字样式、标注样式等。

【工具】：调用工具选项板、新建 UCS，绘图设置等。

【绘图】：调用绘制图形的命令，包括二维图形和三维图形。

【标注】：调用对图形进行尺寸，文字注释的命令。

【修改】：调用对图形进行修改的命令，如删除、修剪、镜像、阵列、倒角等。

【窗口】：控制软件中多个文件的显示或切换。

【帮助】：获得软件中提供的帮助信息，包括互联网上的帮助信息。

使用菜单命令应注意以下几点：下拉菜单中，右侧有小三角的菜单项，表示它还有子菜单，如图 1-2 所示；右侧有三个小点的菜单项，表示单击该菜单项后要显示出一个对话框；右侧没有内容的菜单项，单击后会执行对应的 AutoCAD 命令。

（3）工具栏

AutoCAD 2016 在系统默认情况下，显示一些常用的工具栏，如"标准""绘图""修改"工具栏等，每一个工具栏上均有一些形象化的按钮。单击某一个按钮，可以启动 AutoCAD 的对应命令。用户可以根据需要打开或关闭任一个工具栏。方法是：在已有工具栏

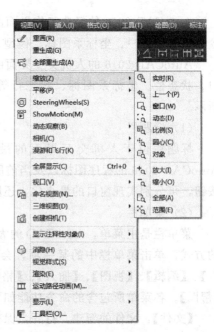

图 1-2　下拉式菜单

上右击，AutoCAD 弹出工具栏快捷菜单，通过其可实现工具栏的打开与关闭。将鼠标移动到工具栏按钮上停留 2s 左右，系统会自动提示该按钮所对应的命令功能。

（4）绘图窗口

绘图窗口类似于手工绘图时的图纸，是用户用 AutoCAD 2016 绘图并显示所绘图形的区域。根据工作需要，用户可以关闭绘图窗口周边的工具栏，以便增大绘图空间，也可以拖动滚动条来移动图纸。

（5）光标

当光标位于 AutoCAD 的绘图窗口时为十字形状，所以又称其为十字光标。十字线的交点为光标的当前位置。AutoCAD 的光标用于绘图、选择对象等操作。

（6）命令窗口

命令窗口是 AutoCAD 显示用户从键盘键入的命令和显示 AutoCAD 提示信息的地方。默认时，AutoCAD 在命令窗口保留最后三行所执行的命令或提示信息。用户可以通过拖动窗口边框的方式改变命令窗口的大小，使其显示多于 3 行或少于 3 行的信息，如图 1-3 所示。

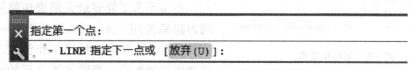

图 1-3　命令窗口

（7）状态栏

状态栏用于显示或设置当前的绘图状态。状态栏上位于左侧的一组数字反映当前光标的坐标，其余按钮从左到右分别表示当前是否启用了捕捉模式、栅格显示、正交模式、极轴追踪、对象捕捉、对象捕捉追踪、动态 UCS（用鼠标左键单击，可打开或关闭）、动态输入等功能以及是否显示线宽、当前的绘图空间等信息，如图 1-4 所示。以上操作也可通过功能键进行切换，如按 F3 键控制【对象捕捉】功能的开关，按 F7 键控制【栅格】功能的开关等。

图 1-4　状态栏

（8）坐标系图标

坐标系图标通常位于绘图窗口的左下角，表示当前绘图所使用的坐标系的形式以及坐标方向等。AutoCAD 提供有世界坐标系（World Coordinate System，WCS）和用户坐标系（User Coordinate System，UCS）两种坐标系。世界坐标系为默认坐标系。

（9）模型/布局选项卡

模型/布局选项卡用于实现模型空间与图纸空间的切换。

（10）滚动条

利用水平和垂直滚动条，可以使图纸沿水平或垂直方向移动，即平移绘图窗口中显示的内容。

（11）菜单浏览器

单击菜单浏览器，AutoCAD 会将浏览器展开，如图 1-5 所示。用户可通过菜单浏览器

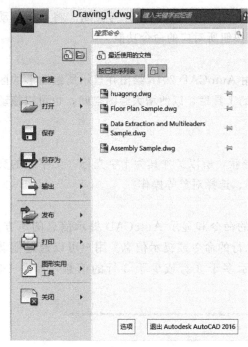

图 1-5　菜单浏览器

执行相应的操作。

1.1.2　工具栏的定制

AutoCAD 是个比较复杂的应用程序，工具栏涉及的内容很多，用户不可能将所有的工具栏都显示在界面上，这样即使将整个屏幕布满也显示不完，因此要根据现阶段的使用需要来打开工具栏。工具栏分为固定工具栏和浮动工具栏，每个工具栏都由多个按钮组成。固定工具栏和浮动工具栏通过拖动进行转变，当浮动工具栏移动到已有的固定工具栏处时，会自动调整为固定工具栏，如图 1-6 所示。同样反之，固定工具栏进行移动，也可成为浮动工具栏，如图 1-7 所示。

在实际为了能够最大限度地使用户在短时间内熟练使用，AutoCAD 提供了一套自定义工具栏命令，从而加快了工作流程，还能使屏幕变得更加整洁，消除了不必要的干扰。方法是将鼠标移动到现有的固定工具栏上，右击，出现如图 1-8 所示的快捷菜单后，选择最后一个"自定义"，弹出如图 1-9 所示的【自定义用户界面】对话框，找到需要添加的命令，按住左键不放，将其拖动到某个工具栏上即可。

图 1-6　固定工具栏

图 1-7　浮动工具栏

1.1.3　AutoCAD 2016 的常用操作

在使用 AutoCAD 软件时，有些操作使用的频率较高。

（1）鼠标的操作

在 AutoCAD 绘图窗口中，光标为十字线。当光标移至菜单栏、工具栏或者状态栏时，光标为箭头形式。无论光标为哪种形式，点击均会执行相应的命令。

对象拾取：鼠标左键进行拾取，可对操作命令或者绘图窗口的对象进行拾取。

回车键：键盘中的回车键，可作为命令结束键或者重复键。单击鼠标右键再单击"确认"，也可结束命令。

Esc 键：Esc 键可随时进行命令的终止，取消选择的对象。

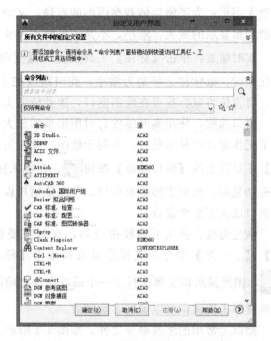

图 1-8　快捷菜单　　　　　　　　　　图 1-9　【自定义用户界面】对话框

（2）撤销/重做

在 AutoCAD 中，可以方便地重复执行同一条命令，或撤消前面执行的一条或多条命令。此外，撤消前面执行的命令后，还可以通过重做来恢复前面执行的命令。重做命令为"redo"，撤销命令为"undo"。

（3）坐标的使用

在 AutoCAD 中有两种坐标系，一个是世界坐标系，另一个则是用户坐标系。在世界坐标系由 X、Y、Z 三个相互垂直的坐标轴组成。坐标系包含直接坐标、极坐标、球坐标和柱坐标四种形式。

① 直角坐标。

直角坐标用点的 X、Y、Z 坐标值表示该点，且各坐标值之间用逗号隔开。直角坐标中包含绝对坐标与相对坐标输入两种格式。绝对坐标是指相对原点，输入时直接输入其坐标值即可。相对坐标，是指相对于上一点的坐标，其输入格式与绝对坐标相同，但要在输入的坐标前加前缀"@"。

② 极坐标。

极坐标用于表示二维点，其表示方法为：距离＜角度。在极坐标中，采用绝对或相对坐标输入方式，其输入方法与直角坐标类似。

1.1.4 图形的显示与控制

在使用 AutoCAD 软件时，由于受计算机屏幕大小的限制，在使用中，需根据实际情况，进行平移、缩放等操作，以对图形的细节进行观察、修改。

（1）图形的缩放

图形的缩放操作是非常重要的操作，在绘图过程中，为了清楚地观察图形的细节，往往要放大图形；为了能整体观察图形的布局，又需要进行缩小图形。此处的图形放大、缩小，是指图形显示的放大、缩小，不是图形物理尺寸的变化。常用的缩放方法有以下几种。

实时缩放：单击【标注】工具栏上的【实时缩放】按钮 ，将鼠标移动到工作窗口，按住左键，鼠标往上移动为缩小，此时缩放的中心点是绘图窗口的中心。对于带滚轮的鼠标，可直接将鼠标放置在绘图窗口，滚动轮向上滑为放大，向下滑为缩小。

窗口缩放：使用实时缩放有时图形虽然放大了，但是需要观察、修改的部分可能已经超出了工作窗口的显示范围，不利于绘图，此时可使用窗口缩放解决该问题，方法是单击【标准】工具栏上的【窗口缩放】按钮 ，在将鼠标移动到绘图窗口，在需要放大的部位单击，并拖动鼠标，形成矩形缩放窗口，调整该窗口以覆盖需要放大的部分，再次单击左键，该矩形窗口放大至整个窗口。

恢复缩放：使用了缩放命令后，有时需要恢复到之前的显示状态，这是可选择【缩放】→【上一步】命令。其操作是直接单击【标准】工具栏上的【缩放】→【上一步】按钮 ，图形显示恢复到执行上一个缩放命令之前的状态。如果之前执行过多次缩放操作，还可继续单击按钮恢复以前的多次缩放。

除以上常用的缩放命令之外，如图 1-2 所示，在菜单【视图】→【缩放】选项中，还有其他的一些缩放命令，这其中比较常用的是以下两个：

全部缩放：全部缩放按钮 ""，全部缩放就是按当前图形界限显示整个图形，如果图形超过了图形界限范围，则按当前图形的最大范围布满屏幕进行显示。

范围：范围按钮 ""，范围缩放就是按当前图形的最大范围满屏时显示。

（2）图形的平移

绘图过程中有时需要将图形对象在屏幕上进行位置移动，以便观察、修改。此时常用的命令是【实时】平移。其操作方法是单击【标准】工具栏上的【实时】平移按钮 ，在将鼠标移动到绘图窗口，此时鼠标显示为手掌形状，按下左键不放，左右移动鼠标时，图形会跟随移动。此时的移动是图形显示的位置变化，不是物理空间的改变。

除此在外，还可以选择菜单【视图】→【平移】→【实时】命令，如图 1-10 所示，除了实时平移外，此处还可以选择【定点（P）】以及左、右、上、下四个方向的平移。

1.1.5 AutoCAD 2016 的命令激活方式

在使用 AutoCAD 软件过程中，每一个操作都必须要激活相应的命令才能执行。一般常用的激活命令的方式有以下几种：

从菜单中选择命令。这种方法的优点是菜单中命令最全，能找到所有的 AutoCAD 命令；缺点是选项太多，而且有的是多重菜单嵌套，寻找不熟悉的命令比较困难，会使绘图速度过慢。

在工具栏中单击相应命令对应的按钮。这种方法方便、快捷；缺点是某些命令工具栏需要定制，而且不能把所有的工具栏显示在界面上。

利用右键快捷菜单。在不同状态下单击右键，会出现不同的快捷菜单选项。该快捷菜单选项为会根据当前工作环境，实时智能提供。不再需要去工具栏和菜单栏一一寻找，加快绘图速度，缺点是命令数量有限。

在命令行直接输入命令。这是 AutoCAD 最基本的命令激活方式，也是命令激活最快、绘图速度最高的方式。缺点是需要对命令进行记忆。

读者在使用过程中会发现，不管采用哪一种命令激活方式，在命令行都会出现该命令，也就

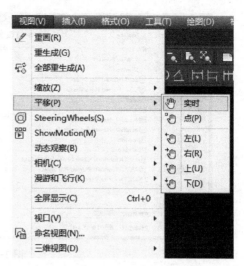

图 1-10　实时命令

是说，各种激活方式都等同于命令行输入，所以说输入命令是最基本的方式。对于初学者来说，可能更倾向于使用工具栏激活命令，但是高级用户往往更喜欢使用键盘输入命令，并结合右键快捷菜单使用。因为这种方法速度最快，效率最高。因此推荐读者也尝试使用这种方法，在绘图过程中要把双手都利用起来。利用左手敲键盘，输入相应的命令，右手握鼠标，负责在绘图窗口选取相关的对象，同时配合使用右键快捷菜单。开始时可能觉得不习惯，速度不高，习惯后读者会发现这是最快的方法，对于 AutoCAD 的命令，绝大部分都有简写，比如【直线】完整的命令应该是"LINE"，但只需要输入"L"即可。

1.2　AutoCAD 图形文件的管理

1.2.1　文件的创建

通常在绘制一张新的图纸，需要进行文件的新建工作，AutoCAD 操作软件中提供了四种方式进行文件的新建。

菜单方式：菜单栏【文件】，在弹出的菜单中，选择【新建文件】。

工具栏方式：在工具栏中单击【新建】按钮。

命令行方式：在命令行中输入 NEW，按回车键。

快捷方式：按 Ctrl+N 键。

执行上述操作后，窗口将会显示【选择样板】对话框，通过此对话框选择对应的样板后（初学者一般选择样板文件 acadiso.dwt 即可），单击【打开】按钮，就会以对应的样板为模板建立一个新图形。如果用户不需使用样板文件，只是想创建一个空的图形文件，则可以单击【打开】按钮后的下三角箭头，在弹出的下拉菜单中，用户可根据需要，选择【无样板打开-英制（I）】或者【无样板打开-公制】，如图 1-11 所示。这两种样板的区别在于单位不同，一个是使用英制单位，另一个是使用米制单位。

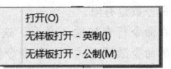

图 1-11　打开文件

1.2.2　文件的打开

对于文件的打开，AutoCAD 操作软件同样提供四种方式，用户可选择其中任一种进行文件的打开。

菜单方式：菜单栏【文件】，在弹出的菜单中，选择【打开】。

工具栏方式：在工具栏中单击【打开】按钮。

命令行方式：在命令行输入 OPEN，按回车键。

快捷方式：按 Ctrl＋O 键。

执行上述操作后，窗口将会显示与上述图形类似的对话框，在【选择文件】对话框中，用户可选择需要的文件，单击【打开】按钮，完成打开文件操作，如图 1-12 所示。

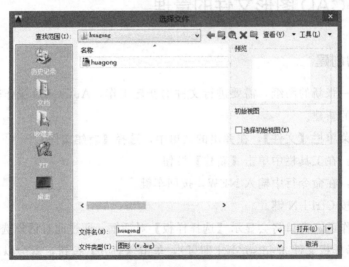

图 1-12　打开文件

1.2.3　文件的保存

对于文件的保存，AutoCAD 操作软件提供了四种方式，用户可选择其中任一种进行文件的保存。

菜单方式：菜单【文件】→选择【保存】命令。

工具栏方式：在工具栏中单击【保存】按钮。

命令行方式：在命令行输入 SAVE，按回车键。

快捷方式：按 Ctrl＋S 键。

执行该命令后，AutoCAD 以当前使用的图形文件名保存图形。当然也可以用【另存为】命令把当前图形以新的名字保存，或者对文件的保存路径进行修改。

1.3 图层的设置与管理

1.3.1 对象特性及图层

在一个复杂的图形中，对于不同类型的图形对象，为了便于区分和管理，可以通过创建多个图层，将特性相似的对象绘制在同一个图层上。在 AutoCAD 中，每一个图层就像一张透明的图纸，若干个图层重叠在一起就好比是若干张图纸叠放在一起，从而构成所需的图形效果，由用户在该"图纸"上绘制图形对象。用户可以根据需要在不同的图层中定义不同的颜色、线型、线宽等，以便更好地实现绘图标准化。

在"图层"面板中单击【图层特性】按钮，或者菜单栏中选择【格式】→【图层】命令，弹出如图 1-13 所示的【图层特性管理器】选项板，从中可以对图形进行管理操作、定制图形特性。

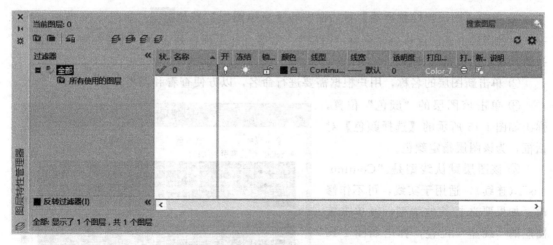

图 1-13　【图层特性管理器】选项板

1.3.2 图层的设置

每次启动软件后，AutoCAD 都会自动默认一个图层，其名称为"0"，该图层在使用过程中不能被删除，也不能被重命名。用户可以根据自己的需要创建若干个自己的图层。不同的图层设置不同的特性，如颜色、线型、线宽等，这可大大地方便使用，提高绘图的效率。

启动即可创建新的图层，或者对现有图层进行修改和管理。

调用的方法有：

单击【图层】工具栏中的【图层特性管理器】按钮 ![按钮]。

选择菜单【格式】→【图层】命令。

命令行输入：layer（缩写 la）↙

执行该命令后，会弹出如图 1-14 所示的【图层特性管理器】对话框。

在该对话框里可以看到，当前已有图层为系统默认的不能删除及重命名的图层 "0"。一般情况下不使用该图层。

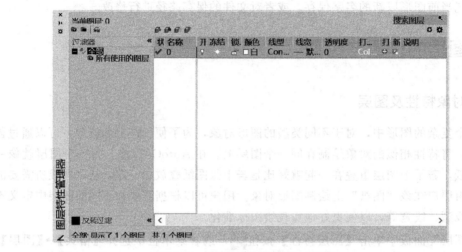

图 1-14 【图层特性管理器】对话框

创建新图层的步骤如下：

① 单击【图层特性管理器】对话框中的【新建图层】按钮 ![按钮]，如图 1-14 所示，建立一个新的图层，新图层以临时名称 "图层 1" 命名，并出现在列表中，其特性均与图层 "0" 一致，即默认设置的特性。

② 单击新图层的名称，用户根据需要进行命名，以方便查看和调用。

③ 单击该图层的 "颜色" 位置，弹出如图 1-15 所示的【选择颜色】对话框，为该图层指定颜色。

④ 该图层默认线型是 "Continuous"（连续），适用于实线，可不作修改。如果要选择其他线型，就单击该图层的 "线型" 位置，弹出如图 1-16 所示的【选择线型】对话框。如果该对话框内没有所需线型，则单击【加载】按钮在弹出的【加载或重载线型】对话框中进行选择，如图 1-17 所示。

⑤ 单击该图层的 "线宽" 位置，弹出如图 1-18 所示的【线宽】对话框，指定该图层的线宽为 0.30mm（注：线宽可根据实际需要来指定，一

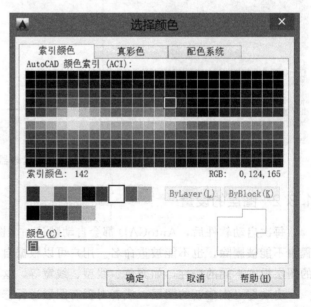

图 1-15 【选择颜色】对话框

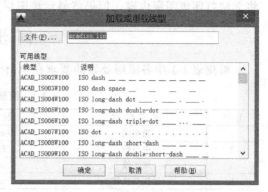

图 1-16　【选择线型】对话框　　　　　　图 1-17　【加载或重载线型】对话框

般粗线是细线宽度的两倍）。

⑥ 如果还需要创建其他图层，再重复上述操作。对
于一般的机械工程图，将各个图层的颜色设置为不同的，
是为了在绘图过程中能很轻易地对不同对象进行区分，特
别是当图形复杂线条较多时，设置不同的显示颜色，对于
编辑修改很有好处。最后图形完成需要打印时，再将所有
的线条改为同一颜色即可。

⑦ 单击【确定】按钮完成图层设置并关闭对话框。

图层创建完成后，在【图层】工具栏的下拉列表中，
可以看到所创建的所有图层，再次选中某图层，即可使用
该图层绘制图形。也可以选中已有的图形来定位所需要绘
制的图层。

图 1-18　【线宽】对话框

1.3.3　图层的管理及应用

每一个工程图都是由若干的图层叠加构成。对于图层及图层上的对象，AutoCAD 可以
对其进行控制和管理，如图 1-14 所示。在每一个图层前都有 4 个按钮，分别是图层的开/
关、冻结/解冻、锁定/解锁、打印/不打印。

（1）图层的开/关

图层的开/关，用于打开和关闭选定图层。当图层打开时，它可见，并且可对图层上的
对象进行操作或者进行打印。当图层关闭时，图层中的对象不可见并且不能打印。

（2）图层的冻结/解冻

图层的冻结/解冻，用于冻结图层的对象。当图层冻结时，图层对象不可见。通常在设
计中，可以通过冻结图层来提高【ZOOM】，【PAN】和其他等操作的运行速度，提高对象
的选择性能并减少复杂图形的重生成时间。其中当前图层是不能被进行冻结操作。

（3）图层的锁定/解锁

图层的锁定/解锁，用于锁定和解锁选到图层。锁定图层时，图层的对象为可见，但是
无法对图层对象进行操作。若需对图层对象进行操作，则需对图层进行解锁。

（4）图层的打印/不打印

图层的打印/不打印用于控制是否打印选定图层。对于关闭图层打印的图层，在打印时，

将无法打印该图层内容，但仍将显示该图层上的对象。

同 步 练 习

根据表 1-1 中各图层要素的要求在 AutoCAD 中设置图层。

表 1-1　图层名称及特性要求

序号	图层名称	线　型	颜　色	线　宽
1	粗实线	Continuous	白/黑	0.5
2	中心线	CENTER	红	0.25
3	细实线	Continuous	绿	0.25
4	标注与注释	Continuous	绿	0.25
5	细虚线	HIDDEN	黄	0.25
6	细双点画线	ACD_ISO05W100	粉红色	0.25

第2章
简单平面图形的绘制与编辑

一张完整的工程图是由零件轮廓线、填充图案、尺寸标注以及文本说明等组成的。AutoCAD 提供了丰富的图形对象，利用不止一种有效方式创建不同的直线、圆、圆弧及其他的图形对象。掌握每一个图形对象的特性，就能更好地应用 AutoCAD。本章主要讲解如图 2-1 所示的【绘图】工具栏的直线、圆、圆弧和矩形的绘制命令；如图 2-2 所示的【修改】工具栏的修剪、延伸、倒角、倒圆角、镜像、偏移、复制、移动、旋转和缩放命令的使用；以及精确绘图辅助工具，图形对象选择及夹点编辑。

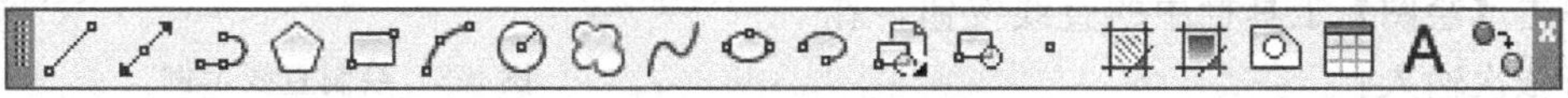

图 2-1 【绘图】工具栏

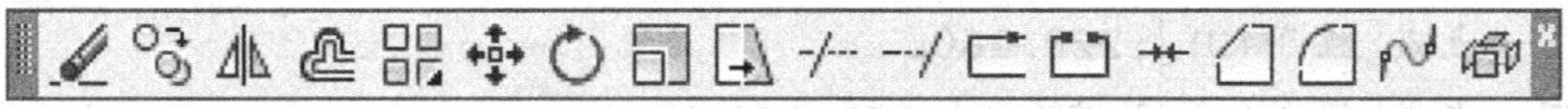

图 2-2 【修改】工具栏

2.1 绘制直线

2.1.1 坐标及其使用

绘图的关键是精确地输入点的坐标。在 AutoCAD 中采用了笛卡儿直角坐标系和极坐标系两种确定坐标的方式，在 AutoCAD 中提示指定点时，可以在命令行中输入绝对坐标或相对坐标来完成点的输入。在三维模型中 AutoCAD 还提供了世界坐标系（WCS）和用户坐标系（UCS）进行坐标切换。

（1）直角坐标系和极坐标系

任何一个物体都是由三维点所构成，有了一点的三维坐标值，就可以确定该点的空间位置。

笛卡儿坐标系是由 X，Y，Z 三个轴构成的，以坐标原点（0，0，0）为基点定位输入点，直角坐标系的三个坐标值之间用逗号分隔开。图形的创建都是在 XY 平面上，因为 Z 轴坐标为 0，可以省略 Z 值。所以平面中的点都是用（X，Y）坐标值来指定的。比如坐标（10，5）表示该点在与 X 轴正方向与原点相距 10 个单位，在 Y 轴正方向与原点相距 5 个单位；坐标（-6，5）表示该点在与 X 轴负方向与原点相距 6 个单位，在 Y 轴正方向与原点相距 5 个单位。

极坐标基于原点（0，0）定位，采用极径和极角：极径表示该点距离原点的径向长度，极角表示以原点开始，从右向逆时针旋转到该点所含夹角。其格式为"距离＜角度"。

（2）绝对坐标和相对坐标

绝对坐标是以坐标原点为基准点来描述点的位置的，相对坐标则以前一点为基准点来描述点的位置。

在命令行提示指定点时，可以使用鼠标在绘图区中直接拾取点的位置，也可以在命令行中输入绝对坐标的数值。如果输入相对坐标，方法是在坐标值前面加@符号即可。

学习提示：绝对坐标的表示法与几何学中坐标的表示法相同，格式都是"X，Y""X，Y，Z"。相对坐标表示为"@X，Y"或"@X，Y，Z"，以@符号开头。

示例：已知图形各点的绝对坐标如图2-3所示，分别用绝对坐标和相对坐标绘制该图。

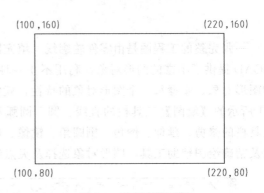

图 2-3　绘制直线示例

① 用绝对坐标绘图

单击【绘图】工具栏中的直线按钮，在命令行依次输入：

命令:Line 指定第一点:100,80↙

指定下一点或[放弃(U)]:220,80↙

指定下一点或[放弃(U)]:220,160↙

指定下一点或[闭合(C)/放弃(U)]:100,160↙

指定下一点或[闭合(C)/放弃(U)]:C↙

② 用相对坐标绘图

单击【绘图】工具栏中的直线按钮，在命令行依次输入：

命令:_Line 指定第一点:100,80↙

指定下一点或[放弃(U)]:@ 20,0↙

指定下一点或[放弃(U)]:@ 0,80↙

指定下一点或[闭合(C)/放弃(U)]:@ 120,0↙

指定下一点或[闭合(C)/放弃(U)]:C↙

（3）世界坐标系（WCS）和用户坐标系（UCS）

世界坐标系（WCS）是绘制和编辑图形过程中的基本坐标系统，也是进入 AutoCAD 后的默认系统。世界坐标系（WCS）是由三个正交于原点的坐标轴 X、Y、Z 所组成的。世界坐标系的坐标原点和坐标轴是固定的，不会随着用户的操作而发生改变。世界坐标系的坐标轴默认方向是向右为 X 轴的正向，垂直向上为 Y 轴的正向，垂直屏幕向外指向用户的为 Z 轴的正向。坐标原点在绘图区左下方，系统默认的 Z 坐标值为 0。如果用户没有自己设定 Z 坐标值，所绘图形只能是 XY 平面的图形。

用户坐标系（UCS）是根据用户需要而变化的，这样可方便用户绘制图形。在默认状态下，用户坐标系与世界坐标系相同，用户可以在绘图过程中根据具体需要来定义用户坐标系。选择菜单【视图】→【显示】→【UCS图标】可以打开和关闭坐标系的图标，可以设置是否显示坐标系的原点，还可以逐一设置坐标系图标的样式、大小及颜色。

（4）输入坐标的方式

在 AutoCAD 中，坐标的输入方式除了前面介绍的相对坐标和绝对坐标输入方式以外，还可以用其他一些方式进行坐标输入。

在 AutoCAD 中，开始执行命令时，命令行提示指定第一点后，通过移动光标指示方向，配合正交或极轴追踪，用相对极坐标的方式输入相对于第一点的距离完成第二点的绘制。也可以用动态输入的方式更方便快捷地输入坐标，在随着光标显示的动态框中输入距离，按 Tab 键切换到角度动态框，并输入角度完成坐标的输入，如图 2-4 所示。

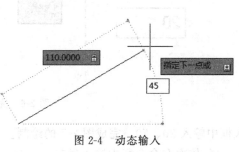

图 2-4　动态输入

2.1.2　绘制直线的方法

绘制直线命令是使用最频繁的命令，也是最基础的命令。AutoCAD 中的大多数图形都包含有直线。直线总是由起点和终点来确定的，通过鼠标或键盘来决定线段的起点和终点。当从一点出发绘制了一条线段后，AutoCAD 允许以前一线段的终点作为起点，另外确定一个点为当前线段的终点，这样可以连续绘制一系列的直线段，但各线段是彼此独立的对象，可通过按 Esc 键、按 Enter 键或从鼠标右键的快捷菜单中选择【确认】终止命令。

输入命令的方式：

① 选择菜单【绘图】→【直线】命令。

② 单击【绘图】工具栏中的 ╱ 【直线】按钮。

③ 命令行输入：Line（L 为简化命令）↙。

命令行提示：

命令：_Line 指定第一点：

指定下一点或［放弃(U)］：

指定下一点或［闭合(C)/放弃(U)］：

【闭合（C）】：如果绘制多条线段，最后要形成一个封闭图形，则应在命令行中键入 C，最后一个端点与第一条线段的起点则重合并形成封闭图形。

【放弃（U）】：撤销刚刚绘制的线段。在命令行中键入 U，按回车键，最后画的那条线段则被删除。

以图 2-5 为例讲述直线的绘制。

绘制直线的步骤：

① 执行绘制直线命令。

② 命令：_Line 指定第一点：在绘图区单击鼠标左键确定一个点为上图的左边中间线段的下角点。移动鼠标向上，在动态输入框中键入 20↙，移动鼠标向右，在动态输入框中键入 30↙，完成两直线的绘制如图 2-6 所示。

③ 重复步骤②，分别在相应的动态输

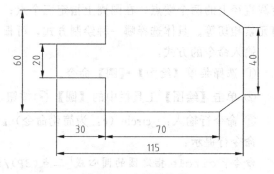

图 2-5　直线的绘制

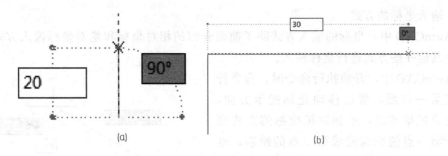

图 2-6　完成两段直线的绘制

入框中输入 20、70，完成图 2-7 的绘制。

④ 依次在命令行中输入@15，−10✓、@0，−40✓、@−15，−10✓、@−70，0✓、@20＜90✓、C✓，完成图 2-5 的绘制。

命令行提示信息：

命令：_Line 指定第一点：

指定下一点或[放弃(U)]:20✓

指定下一点或[放弃(U)]:30✓

指定下一点或[闭合(C)/放弃(U)]:20✓

指定下一点或[闭合(C)/放弃(U)]:70✓

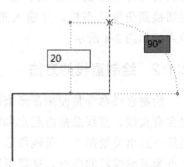

图 2-7　另一条线的绘制

指定下一点或[闭合(C)/放弃(U)]:@ 15,− 10✓

指定下一点或[闭合(C)/放弃(U)]:@ 0,− 40✓

指定下一点或[闭合(C)/放弃(U)]:@ − 15,− 10✓

指定下一点或[闭合(C)/放弃(U)]:@ − 70,0✓

指定下一点或[闭合(C)/放弃(U)]:@ 20< 90✓

指定下一点或[闭合(C)/放弃(U)]:C✓

2.2　绘制圆和圆弧

2.2.1　圆的绘制

圆是 AutoCAD 操作系统中另一个常用的对象。绘制圆的方式有：指定圆心和半径；指定圆直径上的两个端点；在圆周上指定三个点；与两个几何元素相切并指定半径；与三个几何元素相切等。具体选择哪一种绘制方式，可根据实际情况做选择。

输入命令的方式：

① 选择菜单【绘图】→【圆】命令。

② 单击【绘图】工具栏中的【圆】⊘按钮。

③ 命令行输入：_circle (c：为简化命令) ✓。

命令行提示：

命令：_circle 指定圆的圆心或[三点(3P)/两点(2P)/相切、相切、半径(T)]：

方法一：使用圆心、半径方式绘制圆。

使用圆心、半径绘制圆的步骤如下：

① 执行绘制圆的命令。

② 命令：_circle 指定圆的圆心或 [三点(3P)/两点(2P)/相切、相切、半径(T)]：在绘图区指定一点为圆心。

③ 指定圆的半径或 [直径 (D)]：50↙

指定圆的半径值 "50"，如图 2-8 所示。

方法二：使用圆心、直径方式绘制圆。

使用圆心、直径绘制圆的步骤如下：

① 执行绘制圆的命令。

② 命令：_circle 指定圆的圆心或 [三点(3P)/两点(2P)/相切、相切、半径(T)]：在绘图区指定一点为圆心。

③ 指定圆的半径或 [直径 (D)]＜50＞：d↙指定用直径方式绘制圆。

④ 指定圆的直径＜100＞：50↙指定圆的直径值 "50"，如图 2-9 所示。

方法三：使用通过直径的两点方式绘制圆。

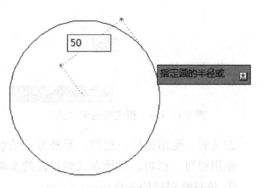

图 2-8　以圆心、半径方式绘制圆

使用通过直径的两点绘制圆的步骤如下：

① 执行绘制圆的命令。

② 命令：_circle 指定圆的圆心或 [三点(3P)/两点(2P)/相切、相切、半径(T)]：2p↙指定用两点方式绘制圆。

③ 指定圆直径的第一个端点：在绘图区指定一点作为圆上一点。

④ 指定圆直径的第二个端点：60↙指定圆的直径值 "60"，如图 2-10 所示。

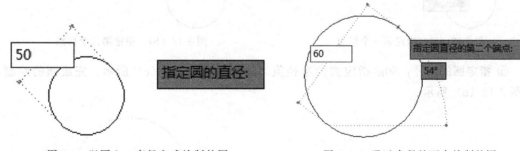

图 2-9　以圆心、直径方式绘制的圆　　　图 2-10　通过直径的两点绘制的圆

方法四：使用通过三点方式绘制圆。

使用通过三点绘制圆的步骤如下：

① 执行绘制圆的命令。

② 命令：_circle 指定圆的圆心或 [三点(3P)/两点(2P)/相切、相切、半径(T)]：3p↙指定用三点方式绘制圆。

③ 指定圆直径的第一个端点：在绘图区指定一个点作为圆上的第一点。

④ 指定圆的第二个点：在绘图区指定一个点作为圆上的第二点。

如图 2-11 (a) 所示。

⑤ 指定圆的第三个点：在绘图区指定一个点作为圆上的第三点，如图 2-11（b）所示。

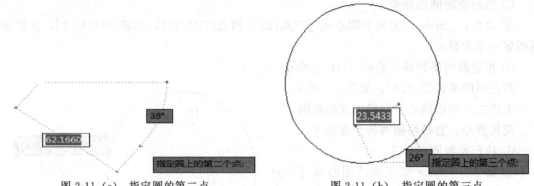

图 2-11（a） 指定圆的第二点   图 2-11（b） 指定圆的第三点

方法五：使用相切、相切、半径方式绘制圆。

使用相切、相切、半径方式制制圆的步骤如下：

① 执行绘制圆的命令。

② 命令：_circle 指定圆的圆心或 ［三点(3P)/两点(2P)/相切、相切、半径(T)］：t↙指定用相切、相切、半径方式绘制圆。

③ 指定对象与圆的第一个切点：指定第一个切点：如图 2-12（a）所示。

④ 指定对象与圆的第二个切点：指定第二个切点，如图 2-12（b）所示。

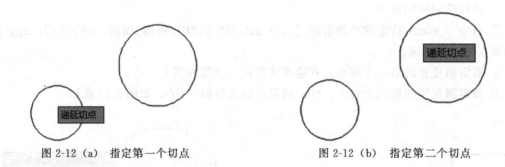

图 2-12（a） 指定第一个切点   图 2-12（b） 指定第二个切点

⑤ 指定圆的半径：50↙指定圆的半径值"50"，如图 2-12（c）所示。完成圆的绘制，如图 2-12（d）所示。

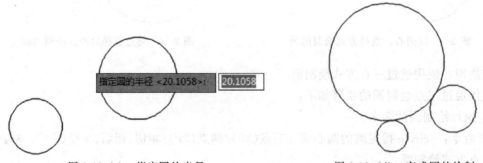

图 2-12（c） 指定圆的半径   图 2-12（d） 完成圆的绘制

切点位置不同，指定半径不同，则绘制圆的结果也会不同。可以内切，也可以外切，还可以既有内切又有外切。

方法六：使用相切、相切、相切方式绘制圆。

使用相切、相切、相切方式绘制圆的步骤如下：

① 执行绘制圆的命令。

② 命令：_circle 指定圆的圆心或 ［三点(3P)/两点(2P)/相切、相切、半径(T)］：3P↙指定用相切、相切、相切方式绘制圆。

③ 指定圆上的第一个点：tan↙指定圆的第一个切点。

④ 指定圆上的第二个点：tan↙指定圆的第二个切点。

⑤ 指定圆上的第三个点：tan↙指定圆的第三个切点。

当使用菜单栏中【绘图】→【圆】→【相切、相切、相切】方式时，提示指定切点时在命令行不用输入"tan"，直接用鼠标的左键单击相切对象即可。

2.2.2　圆弧的绘制

圆弧是圆的一部分，可以使用多种方法来创建圆弧，也可通过对圆的修剪来创建圆弧。由于在菜单栏中的【绘图】→【圆弧】的子命令有 11 种，如图 2-13 所示，所以在此主要介绍几种常用的绘制圆弧的方法。因为圆弧命令的选项多而且复杂，所以在绘图的时候注意给定条件和命令行的提示就可以完成圆弧的绘制。

输入命令的方式：

① 选择菜单栏中的【绘图】→【圆弧】→【三点】或【起点、圆心、端点】命令。

② 单击【绘图】工具栏中的 ⌒【圆弧】按钮。

③ 命令行输入：arc（a 简化命令）↙。

命令行提示：

命令：arc 指定圆弧的起点或［圆心(C)］：

方法一：使用三点方式绘制圆弧。

使用三点绘制圆弧的步骤如下：

① 执行绘制圆弧的命令。

② 命令：arc 指定圆弧的起点或 ［圆心 (C)］：在绘图区指定一点作为圆弧的第一个点。

③ 指定圆弧的第二个点或 ［圆心(C)/端点(E)］：在绘图区指定一点作为圆弧的第二个点，如图 2-14（a）所示。

④ 指定圆弧的端点：在绘图区指定一点作为圆弧的第三个点，如图 2-14（b）所示。完

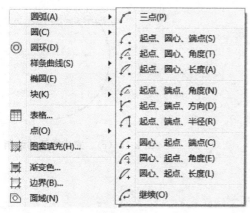

图 2-13　【圆弧】的子命令

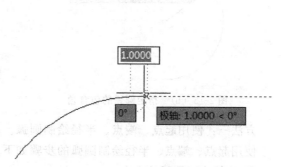

图 2-14（a）　指定圆弧的第二点

成圆弧的绘制如图 2-14（c）所示。

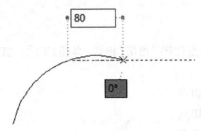

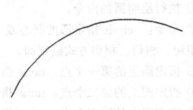

图 2-14（b）　指定圆弧的第三点　　　　　　　　　图 2-14（c）　完成圆弧绘制

方法二：使用起点、圆心、角度绘制圆弧。

使用起点、圆心、角度绘制圆弧的步骤如下：

① 执行绘制圆弧的命令。

② 命令：_arc指定圆弧的起点或［圆心（C）］：在绘图区指定一点作为圆弧的第一个点。

③ 指定圆弧的第二个点或［圆心（C）/端点（E）］：c↙　指定用圆心方式绘制。

④ 指定圆弧的圆心：在绘图区指定一点（"50 Tab 40"）作为圆弧的圆心，如图 2-15（a）所示。

图 2-15（a）　指定圆弧的圆心

⑤ 指定圆弧的端点或［角度（A）/弦长（L）］：a↙　指定使用角度绘制圆弧。

⑥ 指定包含角：指定圆弧的包含角"130"，如图 2-15（b）所示，完成圆弧的绘制如图 2-15（c）所示。

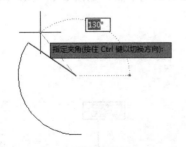

图 2-15（b）　指定圆弧的包含角　　　　　　　　　图 2-15（c）　完成圆弧的绘制

方法三：使用起点、端点、半径绘制圆弧。

使用起点、端点、半径绘制圆弧的步骤如下：

① 执行绘制圆弧的命令。

② 命令：_arc 指定圆弧的起点或 ［圆心(C)］：在绘图区指定一点作为圆弧的第一个点。

③ 指定圆弧的第二个点或 ［圆心(C)/端点(E)］：e↙指定用端点方式绘制。

④ 指定圆弧的端点：在绘图区指定一点（"80 Tab 30"）作为圆弧的端点，如图 2-16（a）所示。

⑤ 指定圆弧的圆心或 ［角度(A)/方向(D)/半径(R)］：r↙指定用半径绘制。

⑥ 指定圆弧的半径：指定圆弧的半径值 "50"，如图 2-16（b）所示，完成圆弧绘制，如图 2-16（c）所示。

图 2-16（a）　指定圆弧的端点

图 2-16（b）　指定圆弧的半径

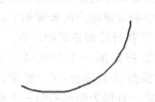

图 2-16（c）　完成圆弧的绘制

方法四：使用圆心、起点、端点绘制圆弧。

使用圆心、起点、端点绘制圆弧的步骤如下：

① 执行绘制圆弧的命令。

② 命令：arc 指定圆弧的起点或 ［圆心（C）］：c↙指定用圆心绘制。

③ 指定圆弧的圆心：在绘图区指定一点作为圆弧的圆心。

④ 指定圆弧的起点：在绘图区指定一点作为圆弧的起点。

⑤ 指定圆弧的端点或 ［角度（A）/弦长（L）］：在绘图区指定一点作为圆弧的端点。

在绘制圆弧时，除三点绘制圆弧外，其他方法都是从起点到端点绘制圆弧，并且起点和端点的顺序可以按顺时针或者逆时针方向给定。绘制圆弧时要注意角度的方向和弦长的正负，逆时针绘制为正，反之为负。

2.3　绘制矩形

矩形是也是常用的几何图形。AutoCAD 主要是通过控制矩形的两个对角顶点、矩形的面积和长度或宽度的方法来绘制矩形的。

输入命令的方式：

① 选择菜单【绘图】→【矩形】命令。

② 单击【绘图】工具栏中的 ▭【矩形】按钮。

③ 命令行输入：rectang（rec 简化命令）↙。

命令行提示：

指定第一个角点或[倒角(C)/标高(E)/圆角(F)/厚度(T)/宽度(W)]：

指定第一个角点或[面积(A)/尺寸(D)/旋转(R)]：

【倒角 (C)】：指定矩形各个顶点倒角的大小；

【标高 (E)】：确定矩形所在平面的高度。默认状态是矩形在 XY 平面内即 Z 值（标高）为 0；

【圆角 (F)】：指定矩形各个顶点圆角的大小；

【厚度 (T)】：设置矩形的厚度，此选项常在三维绘图时使用；

【宽度 (W)】：设置矩形的边宽；

【面积 (A)】：首先输入矩形面积，再通过输入矩形的边长或边宽来完成矩形的绘制；

【尺寸 (D)】：输入矩形的边长及边宽来绘制矩形；

【旋转 (R)】：设置矩形的旋转角度。

2.3.1 绘制普通矩形

普通矩形的绘制是绘制矩形命令中最简单的一种。

绘制普通矩形的步骤如下：

① 执行绘制矩形的命令。

② 指定第一个角点或 [倒角（C）/标高（E）/圆角（F）/厚度（T）/宽度（W）]：在绘图区指定一点作为矩形的第一个角点。

③ 指定另一个角点或 [面积（A）/尺寸（D）/旋转（R）]：在绘图区指定一点作为矩形的另一个角点，如图 2-17 所示。

图 2-17 普通矩形的绘制

2.3.2 绘制带有倒角或圆角的矩形

在绘制零件图时有些矩形带有圆角或倒角，AutoCAD 提供了实现这些要求的功能。选用带倒角或圆角的矩形命令的方法与绘制普通矩形的方法相同。

(1) 带倒角矩形的绘制

绘制带倒角矩形的步骤如下：

① 执行绘制带倒角矩形的命令。

② 指定第一个角点或 [倒角（C）/标高（E）/圆角（F）/厚度（T）/宽度（W）]：c✓指定绘制带倒角的矩形。

③ 指定矩形第一个倒角距离<0.0000>：20✓指定第一倒角值"20"。

④ 指定矩形第二个倒角距离<0.0000>：20✓指定第二倒角值"20"。

⑤ 指定第一个角点或 [倒角（C）/标高（E）/圆角（F）/厚度（T）/宽度（W）]：在绘图区指定一点作为矩形的第一个角点。

⑥ 指定另一个角点或 [面积（A）/尺寸（D）/旋转（R）]：在绘图区指定一点作为矩形的另一个角点，如图 2-18（a）所示。完成带倒角矩形的绘制，如图 2-18（b）所示。

(2) 带圆角矩形的绘制

命令行提示：

指定第一个角点或[倒角(C)/标高(E)/圆角(F)/厚度(T)/宽度(W)]：f✓

指定矩形的圆角半径< 10.0000> :指定圆角半径

图 2-18（a）　带倒角矩形的绘制　　　　图 2-18（b）　完成带倒角矩形的绘制

指定第一个角点或［倒角（C）/标高（E）/圆角（F）/厚度（T）/宽度（W）］：在绘图区指定一点作为矩形的第一个角点

指定另一个角点或［面积（A）/尺寸（D）/旋转（R）］：在绘图区指定一点作为矩形的另一个角点

把圆角设置好以后，带圆角的矩形的绘制与带倒角的矩形绘制方法一样，在此就不重复讲述了。

2.3.3　绘制确定面积的矩形

绘制面积确定的矩形时，首先输入矩形的面积，再输入矩形的边长或边宽来完成矩形的绘制。

面积确定的矩形绘制的步骤如下：

① 执行绘制矩形的命令。

② 指定第一个角点或［倒角（C）/标高（E）/圆角（F）/厚度（T）/宽度（W）］：在绘图区指定一点作为矩形的一个角点。

③ 指定另一个角点或［面积（A）/尺寸（D）/旋转（R）］：A↙　指定使用面积确定的矩形方式绘制。

④ 输入以当前单位计算出的矩形面积<>：1500↙　指定矩形的面积"1500"。

⑤ 计算矩形标注时依据［长度（L）/宽度（W）］<长度>：L↙　指定使用定面积绘制矩形。

⑥ 输入矩形长度 <>：50↙　指定矩形的长度为50，如图 2-19 所示。

矩形的绘制常用的方法还有一种：根据长度和宽度绘制矩形。这种方法比较简单，就不详细介绍了。

命令行提示：

命令：_rectang↙

指定第一个角点或［倒角(C)/标高(E)/圆角(F)/厚度(T)/宽度(W)］：

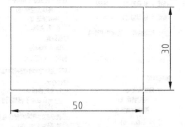

图 2-19　定面积矩形绘制

指定另一个角点或［面积(A)/尺寸(D)/旋转(R)］：d↙

指定矩形的长度 < >：输入长度↙

指定矩形的宽度 < >：输入宽度↙

指定另一个角点或［面积(A)/尺寸(D)/旋转(R)］：

根据命令行提示输入相应的参数可完成矩形的绘制。

2.4 精确绘图辅助工具

在用 AutoCAD 绘制机械图样时，为了保证绘图的效率和精确，常常需要借助一些辅助工具的帮助来完成图形的绘制。AutoCAD 提供了许多精确定位的辅助工具，例如对象捕捉、栅格、正交、极轴和极轴追踪等功能，帮助用户实现精确绘图。

2.4.1 栅格和捕捉

（1）栅格

栅格是为了方便绘图，在屏幕的特定区域内显示具有一定行列间距的系列点，类似于在绘图区放置了一张坐标纸。使用栅格可以对齐对象并能直观显示对象之间的距离，直观地参照栅格来绘制图形，观察到图纸的幅面区域，避免将图形绘制在图纸之外。在输出图纸时，栅格不会被打印出来。

输入命令的方式：

① 选择菜单【工具】→【草图设置】命令，在弹出的【草图设置】对话框中单击【捕捉和栅格】选项。

② 状态栏【栅格】按钮上单击鼠标右键，在弹出的快捷菜单中选择【设置（S）】，弹出【草图设置】对话框中的【捕捉和栅格】选项。

③ 命令行输入 grid↙

执行栅格步骤如下：

① 执行栅格激活命令，弹出【草图设置】对话框【捕捉和栅格】选项，如图 2-20（a）所示。

② 选取【启用栅格（F7）（G）】，在【栅格 X 轴间距（N）】和【栅格 Y 轴间距（I）】框中分别输入栅格间距值，X 轴间距和 Y 轴间距的间距值允许不同，如图 2-20（b）所示。

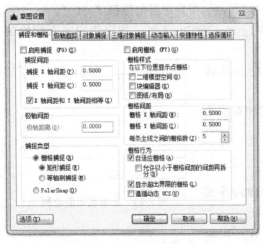

图 2-20（a）【捕捉和栅格】选项

图 2-20（b）【启用栅格（F7）（G）】选项

③ 在【草图设置】对话框中，单击【确定】按钮完成栅格设置。在绘图区显示栅格如图 2-20（c）所示。

在 AutoCAD 中，窗口显示范围较大，在打开栅格后，全部栅格出现在左下角。因此，

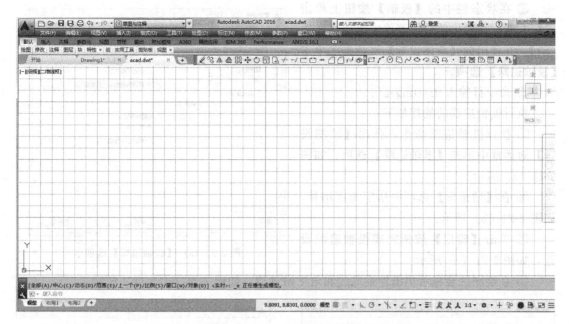

图 2-20 (c)　绘图区显示栅格

选择菜单【视图】→【缩放】→【全部】命令，就可在绘图区全部显示栅格。

（2）捕捉

捕捉是快速、准确绘图的又一辅助工具。捕捉是指捕捉栅格点，即当捕捉开启时，鼠标能够准确地定位到设置好的捕捉间距上的点。捕捉设置和栅格设置位于【草图设置】对话框里。单击状态栏的【捕捉】按钮或按 F9 键就能够打开或者关闭捕捉工具。

捕捉间距可以设置成与栅格间距不同，但最好将栅格间距设置成捕捉间距的整数倍，这样即可保证捕捉时定位的精确。

2.4.2　正交与极轴

正交和极轴都是为了追踪一定角度而设置的绘图工具。正交只能追踪 X 轴和 Y 轴方向的角度，而极轴能够根据需要设置不同的追踪角度。

（1）正交

当需要在水平方向或垂直方向绘制图形时，可打开 AutoCAD 的正交工具，可限制光标只能在水平方向或垂直方向移动。

输入命令的方式：

① 单击状态栏中的【正交】按钮。

② 命令行输入 ortho↙。

（2）极轴

使用极轴捕捉，光标将沿着极轴角按指定角度增量进行移动，通过极轴角的设置，能够在绘图时捕捉到各种设置好的角度方向。

输入命令的方式：

① 选择菜单【工具】→【草图设置】命令，在弹出的【草图设置】对话框中单击【极轴追踪】选项。

② 在状态栏中的【极轴】按钮上单击鼠标右键，在弹出的快捷菜单中选择【设置(S)】，在弹出的【草图设置】对话框中单击【极轴追踪】选项。

③ 命令行输入 dsettings✓。

执行极轴追踪的捕捉如下：

① 执行极轴追踪命令，弹出【草图设置】对话框中单击【极轴追踪】选项，如图2-21（a）所示。

② 在【增量角】选项中指定角度增量，如图2-21（b）所示。

③ 单击【确定】按钮完成极轴追踪设置，如图2-21（c）所示。

图 2-21（a）【极轴追踪】选项卡

④ 在绘图区会显示出极轴追踪线和角度增量值，如图 2-21（d）、（e）所示。

图 2-21（b）指定角度增量

图 2-21（c）极轴追踪设置

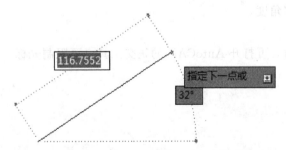

图 2-21（d）显示极轴追踪线和增量角度值（1）

图 2-21（e）显示极轴追踪线和增量角度值（2）

所有0°和增量角的整数倍都可以被极轴追踪捕捉到。如果极轴增量角不能满足绘图需要，还可以在【附加角】选项中单独增加极轴角。选取【附加角】对话框，单击【新建】按钮，在列表中输入附加的角度值即可。只有被设置的单个附加角才能被追踪，当然，可以设置多个附加角。

2.4.3　对象捕捉和对象追踪

对象捕捉的前提是在绘图区中必须有图形对象。对象捕捉是将指定的点限制在现有对象的特定位置上，如端点、交点、中点以及圆心等。对象捕捉的方式有单点捕捉和自动捕捉。

方法一：单点捕捉。

单点捕捉是根据选择特定的捕捉点来指定点的位置。在选择对象时，光标将捕捉离其最近的符合条件的点，并给出捕捉到该点的符号和捕捉标记提示。对象捕捉必须在绘图或编辑命令的执行过程中，在提示输入点的时候才能使用。

输入命令的方式：

① 在【对象捕捉】工具栏选择相应的捕捉类型，如图 2-22 所示。

图 2-22　【对象捕捉】工具栏

② 在绘图时按住 Shift 键或 Ctrl 键并单击鼠标右键，弹出【对象捕捉】快捷菜单，从中选择需要的捕捉点，如图 2-23 所示。

常用的对象捕捉类型有以下几种。

【临时追踪点 ━○】：启用后，指定一个临时追踪点，其上将会出现一个小的（＋）。移动光标时，将会相对这个临时追踪点显示自动追踪对齐路径，用户在路径上用相对于临时追踪点的相对坐标取点。

【捕捉自 ┌°】：建立一个临时参照点作为偏移后续点的基点，输入自该基点的偏移位置作为相对坐标，或者使用直接输入距离。

【捕捉到端点 ╱】：利用端点捕捉工具可以捕捉其他图形元素的端点，这些图形元素可以为圆弧、直线、复合线、射线、平面或者三维面，若图形元素有厚度，端点捕捉也可以捕捉图形元素的边界端点。

【捕捉到中点 ╱】：利用中点捕捉工具可以捕捉另一个图形元素的中间点，这些图形元素可以为圆弧、线段、复合线、平面或者辅助线（infinit line），当图形元素为辅助线时，中点会捕捉第一个定义点，若图形元素有厚度时也可以捕捉图形元素的边界的中间点。

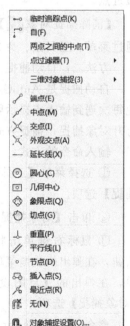

图 2-23　【对象捕捉】
快捷菜单

【捕捉到交点 ╳】：利用交点捕捉工具可捕捉到三维空间中的任意相交图形元素的实际交点，这些图形元素可以为圆弧、圆、直线、射线、复合线或辅助线，如果靶框只选择了一个图形元素，命令行会要求选取有交点的另一个图形元素，利用它也可捕捉三维图形元素的顶点或有厚度的图形元素的角点。

【捕捉到外观交点 ╳】：平面视图上交点捕捉功能可捕捉当前 UCS 下两个图形元素投影到平面视图时的交点，此时图形元素的 Z 坐标可以忽略，交点将当前标高作为 Z 坐标，当只选取到一个图形元素时，命令行会要求选取有平面视图交点的另一个图形元素。

【捕捉到圆心◎】：利用中心点捕捉工具可以捕捉某些图形元素的中心点，这些图形元素可以为圆弧、圆、多维面、椭圆以及椭圆弧等，捕捉中心点，必须选择图形元素的可见部分。

【捕捉到象限点⟐】：利用象限点捕捉工具可以捕捉圆、圆弧、椭圆以及椭圆弧的最近的四分点。

【捕捉到切点⟲】：利用切点捕捉工具可以捕捉图形元素的切点，这些图形元素应为圆或圆弧，当和前一点相连，就完成图形元素的切线。

【捕捉到垂直⊥】：利用垂直点捕捉工具可以捕捉某些图形元素的垂直点，这些图形元素可以为圆弧、圆、直线、射线、复合线、辅助线或平面的边与图形元素或图形元素延伸部分垂直。

【捕捉到平行线∥】：和选定的图形对象保持平行。

【捕捉到插入点⟐】：利用插入点捕捉工具可以捕捉外部引用、图块、文字的插入点。

【捕捉到最近点⟋】：利用最近点捕捉工具可以捕捉圆、圆弧、直线、多段线等线条的最近点。

【清除捕捉对象⟐】：利用清除实体捕捉工具可以关闭实体捕捉，且不论该实体捕捉是通过菜单、工具条、命令行或草图设置对话框设定的，都可以关闭实体捕捉。

方法二：自动捕捉。

自动捕捉是 AutoCAD 中一种有效的操作方式，可避免单点捕捉的烦琐设置，也可以避免每次遇到输入点提示就必须选择捕捉方式。可一次选择多种捕捉方式，在操作命令中只要打开对象捕捉，捕捉方式则持续有效。

输入命令的方式：

① 选择菜单【工具】→【草图设置】命令，在弹出的【草图设置】对话框中选择【对象捕捉】选项。

② 单击【对象捕捉】工具栏中的【对象捕捉设置】按钮。

③ 鼠标右键单击状态栏【对象捕捉】按钮，在弹出的快捷菜单中单击【设置】菜单，在弹出的【草图设置】对话框中选择【对象捕捉】选项。

命令行输入：osnap↙

执行命令后，在弹出的【草图设置】对话框中选择【三维对象捕捉】选项，如图 2-24所示。在对话框中，选择【对象捕捉模式】，如端点、中点、圆心、切点等，然后单击【确定】按钮完成【对象捕捉】设置。在绘图过程中遇到点提示时，只要光标在特定点的范围内，该点就会被捕捉。

当需要捕捉一个对象上的特殊点时，只

图 2-24 【三维对象捕捉】选项卡

要将鼠标靠近图形对象，不断地按 Tab 键，这个对象的特殊点就会轮换显示在屏幕上，找到需要的点后单击鼠标左键即可捕捉到。自动捕捉时，如果设置的捕捉类型太多，使用起来并不方便。因为邻近的对象可能会同时被捕捉而发生干扰。所以，除了常用的捕捉类型，其他的类型不宜选择过多。

2.5　图形对象选择及夹点编辑

2.5.1　选择集设置

选择集选项卡中可设置选择对象的相关参数，如【选择框大小】、【夹点大小】和【选择集模式】等。

输入命令的方式：

选择菜单【工具】→【选项】命令。

命令行输入:options↙

执行选择集命令，弹出【选项】对话框，进入【选择集】设置选项，如图 2-25 所示。

在选择集中的每个功能组的解释如下：

【拾取框大小】选项组：控制拾取框的显示尺寸。拾取框设置编辑命令中出现的对象选择工具。

【选择集预览】选项组：设置当拾取框光标滚动经过对象时亮显对象，并能设置选择预览的外观（视觉效果）。

【命令处于活动状态时】：选中该复选框，只有当某个命令处于活动状态并显示"选择对象"时，才能选择预览。

【未激活任何命令时】：选中该复选框，即使未激活任何命令，也可以显示选择预览。

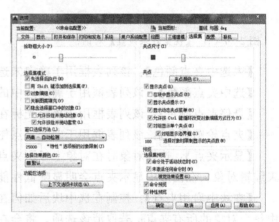

图 2-25　【选择集】选项卡

【视觉效果设置】按钮：单击该按钮，则打开【视觉效果设置】对话框，如图 2-26（a）所示，可设置选择与选择区域预览效果。

【选择集模式】选项组：用来控制与对象选择方式相关的设置。

【先选择后执行】：允许在启动命令之前选择对象。

【用 Shift 键添加到选择集】：按 Shift 键并选择对象时，可向选择集中添加对象或从选择集中删除对象。若要快速清除选择集，可在绘图区的空白处建立一个选择窗口。

【按住并拖动】：通过选择一点，然后将定点设备拖动至第二个点来绘制窗口。如果此选项未被选择，可以用定点设备选择两个单独的点来绘制选择窗口。

【隐含窗口】：在对象外选择了一点时，初始化选择窗口中的图形。从左向右绘制选择窗口时，选择窗口将选择完全处于窗口边界内的对象；从右向左绘制选择窗口时，将会选择处于窗口边界相交的对象。

【对象编组】：选择编组中的一个对象就选择了编组中的所有对象。使用 group 命令，可创建及命名一组选择对象。

【关联图案填充】：确定选择关联填充时将选定某些对象。如果选择了该选项，那么选择关联填充时也选定边界对象。

【夹点尺寸】选项组：控制夹点的显示尺寸，拖动滑块可调整夹点的大小。

【夹点】选项组：控制与夹点相关的设置。提示，在对象被选中之后，其上将显示出夹点，即为一些小方块。

【夹点颜色】按钮：单击该按钮，打开【夹点颜色】对话框，如图 2-26（b）所示，可设置四种颜色。

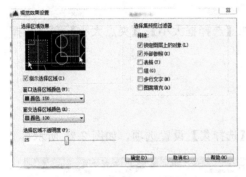

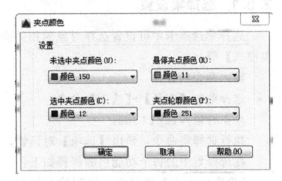

图 2-26（a）【视觉效果设置】对话框　　　　图 2-26（b）　【夹点颜色】对话框

【未选中夹点颜色】：该列表框用于确定未选中的夹点颜色。

【选中夹点颜色】：该列表框用于确定选中的夹点颜色。

【悬停夹点颜色】：该列表框用于决定光标在夹点上滚动时夹点显示的颜色。

【夹点轮廓颜色】：该列表框用于确定夹点轮廓的颜色。

【显示夹点】：选择对象时在对象上显示夹点。通过选择夹点和使用快捷菜单，可用夹点来编辑对象。在图形中显示夹点会明显降低性能，反之，不选择此选项可以优化性能。

【在块中启用夹点】：控制在选中块后如何在块上显示夹点。如选中该选项，将会显示块中每个对象的所有夹点；若取消该选项，将会在块的插入点处显示一个夹点。通过选择夹点和使用快捷菜单，就可以用夹点来编辑对象。

【显示夹点提示】：当光标悬停在支持夹点提示的自定义对象的夹点上时，会显示夹点的特定提示。此选项对标准对象无效。

【选择对象时限制显示的夹点数】：当初始选择集包括多于指定数目的对象时，就不会显示夹点。有效值的范围是 1～32767，并且只能是整数，系统默认设置是 100。

2.5.2　选择对象的常用方法

在编辑图形时，首先需要选择被编辑的对象。输入一个图形编辑命令，命令行出现"选择对象："提示，鼠标变成一个正方形选择框，这时候可根据需要选择对象，对象被选中的图形以虚线高亮显示，用以区别其他图形。为了提高选择的速度及准确性，系统提供了多种选择对象的方式，如点选方式；窗口选择；窗口相交选择；栏选方式；全部选择；删除与添加方式等。现在主要介绍几种常用的方法。

（1）点选择方式

直接移动拾取框到被选择对象上并单击鼠标左键，该对象即被选中，可以使用同样的方法连续选择多个对象，回车键即可结束对象选择。

（2）窗口选择

在绘图区指定第一对角点后，从左向右拖动光标移至第二对角点，出现一个实线矩形框为选择窗口时，如图 2-27（a）所示，所有完全包含在矩形窗口内的对象均被选中，与窗口相交的对象不在选择之中，如图 2-27（b）所示。

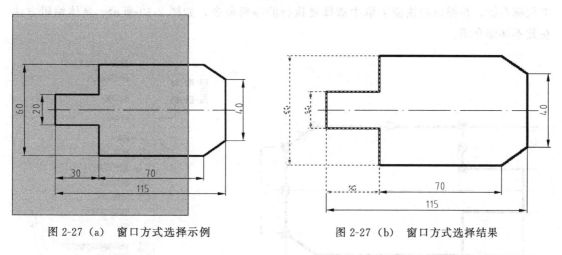

图 2-27（a）　窗口方式选择示例　　　　　　　　图 2-27（b）　窗口方式选择结果

（3）窗口相交选择

在绘图区指定第一对角点后，从左向右拖动光标移至第二对角点，出现一虚线矩形框为选择窗口时，如图 2-28（a）所示，完全包含在窗口内和与窗口相交的所有对象均被选中，如图 2-28（b）所示。

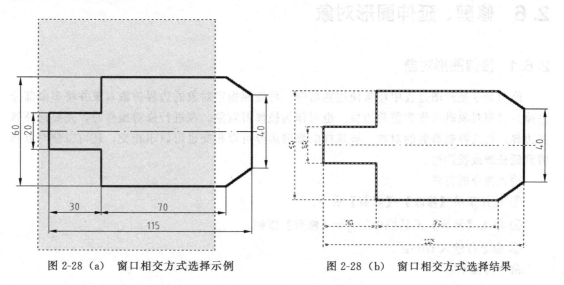

图 2-28（a）　窗口相交方式选择示例　　　　　　图 2-28（b）　窗口相交方式选择结果

2.5.3　夹点及夹点编辑

利用夹点编辑可以非常方便地完成常用的一些编辑操作，如拉伸、移动、缩放、选择及镜像等。

（1）夹点

夹点是指对象上的一些控制点，也可称为特征点。默认状态下，夹点是打开的。当选择对象时,在对象上会显示出若干个小方框,这些小方框即是用来标记被选中的夹点,如图 2-29 所示。使用夹点编辑对象需要选择一个角点为基点,称为夹基点。被选中为夹基点的夹点呈红色,称为热点,未被选中的夹点呈蓝色,称为冷点。

(2)夹点编辑

选中一个夹点后,回车键或者 Space 键进行切换,选择要执行的编辑操作,也可通过单击鼠标右键,在弹出的快捷菜单中选择要执行的编辑命令,如图 2-30 所示。具体编辑方法在此不详细介绍。

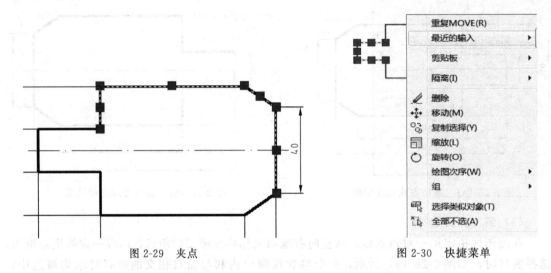

图 2-29 夹点　　　　　　　　　　　　　　　　　　图 2-30 快捷菜单

2.6 修剪、延伸图形对象

2.6.1 修剪图形对象

修剪命令是绘图过程中经常使用的命令,可按照指定对象的边界剪裁对象并将多余部分去掉。修剪对象既可作为剪裁边界,也可作为被修剪对象。在进行修剪操作时,先要选择修剪边界,再选择被修剪的对象。被选择的修剪边界可以相交也可以不相交,还可以使对象修剪到延长线或投影边。

输入命令的方式:

① 选择菜单【修改】→【修剪】命令。

② 单击【修改】工具栏中的 -/--- 【修剪】按钮。

③ 命令行输入 trim↙。

命令行提示:

当前设置:投影= UCS,边= 无

选择剪切边…

选择对象或＜全部选择＞:

选择要修剪的对象,或按住 Shift 键选择要延伸的对象,或

［栏选(F)/窗交(C)/投影(P)/边(E)/删除(R)/放弃(U)］:

执行修剪命令操作步骤如下:

① 执行修剪命令。

② 单击鼠标左键选择修剪边界，可以指定一个或同时指定多个对象作为修剪边界，如图 2-31（a）所示，单击鼠标右键或↙，完成修剪边界的选择。

③ 单击鼠标左键，选择需要修剪的部分，完成部分修剪，如图 2-31（b）所示。

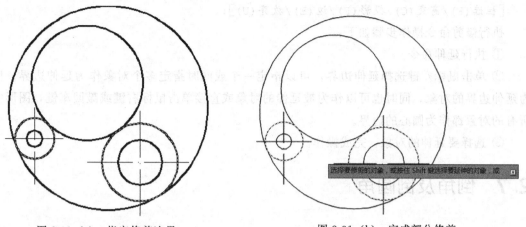

图 2-31（a）　指定修剪边界　　　　　　　　　图 2-31（b）　完成部分修剪

④ 重复步骤①，单击鼠标左键选择修剪边界，如图 2-31（c）所示，单击鼠标右键或按 Enter 键，完成修剪边界的选择。

⑤ 单击鼠标左键，选择需要修剪的部分，完成修剪，如图 2-31（d）所示。

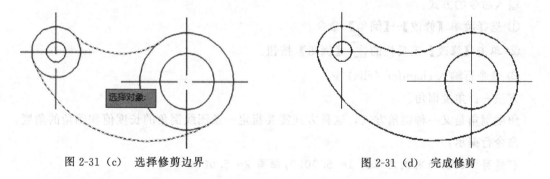

图 2-31（c）　选择修剪边界　　　　　　　　　图 2-31（d）　完成修剪

如果只进行简单的修剪，执行修剪命令后，单击鼠标右键或敲回车键将图形中的所有对象都作为修剪对象，直接单击要修剪的对象即可。

2.6.2　延伸图形对象

延伸对象和修剪对象的效果刚刚相反，延伸对象可将对象准确地延伸到用其他对象定义的边界处。该命令的操作方式与修剪对象的命令基本相同。在修剪时可按住"Shift"键即执行延伸命令，反之，在延伸时按住"Shift"键即执行修剪操作。

输入命令的方式：

① 选择菜单【修改】→【延伸】命令。

② 单击【修改】工具栏中的【延伸】 --/ 按钮。

③ 命令行输入 extend（ex）↙。

命令行提示：

当前设置:投影＝UCS,边＝无

选择边界的边 …

选择对象或＜全部选择＞：

选择要延伸的对象,或按住 Shift 键选择要修剪的对象,或

[栏选(F)/窗交(C)/投影(P)/边(E)/放弃(U)]:

执行修剪命令操作步骤如下:

① 执行延伸命令。

② 单击鼠标左键选择延伸边界,可以指定一个或同时指定多个对象作为延伸边界。作为延伸边界的对象,同时也可以作为被延伸的对象或直接单击鼠标右键或敲回车键,图形中所有的对象都作为圆心的边界。

③ 选择要延伸的对象,完成操作。

2.7 倒角及倒圆角

2.7.1 倒角

倒角命令的作用是以一条斜线去连接两条非平行线。倒角的方式有好多,这里主要介绍几种常见的倒角方式。

输入命令的方式:

① 选择菜单【修改】→【倒角】命令。

② 单击【修改】工具栏的 ◢ 【倒角】按钮。

③ 命令行输入 chamfer（cha）↙ 。

方法一:角度倒角。

角度倒角是又一种倒角方式,这种方式需要指定一条图线倒角的长度值和倒角的角度。

命令行提示:

("修剪"模式) 当前倒角距离 1＝5.0000,距离 2＝5.0000

选择第一条直线或[放弃(U)/多段线(P)/距离(D)/角度(A)/修剪(T)/方式(E)/多个(M)]:

A↙ 指定角度倒角方式

指定第一条直线的倒角长度＜0.0000＞:

指定第一条直线的倒角角度＜0＞:

选择第一条直线或[放弃(U)/多段线(P)/距离(D)/角度(A)/修剪(T)/方式(E)/多个(M)]:

选择第二条直线,或按住 Shift 键选择要应用角点的直线:

角度倒角的步骤如下:

① 执行倒角命令。

② 选择第一条直线或[放弃(U)/多段线(P)/距离(D)/角度(A)/修剪(T)/方式(E)/多个(M)]:A↙指定角度倒角方式。

③ 指定第一条直线倒角长度＜0.0000＞：6√　指定第一个倒角长度6。

④ 指定第一条直线的倒角角度＜0＞：45√　指定倒角角度45°。

⑤ 选择第一条直线或[放弃(U)/多段线(P)/距离(D)/角度(A)/修剪(T)/方式(E)/多个(M)]：指定倒角的第一条线，如图 2-32（a）所示。

⑥ 选择第二条直线或按住 Shift 键选择要应用角点的直线：指定第二条线，如图 2-32（b）所示，完成倒角操作。

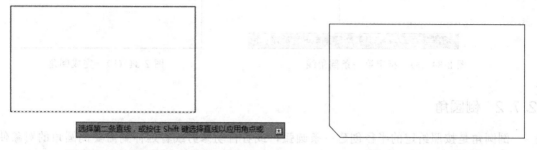

图 2-32（a）　指定第一条倒角线　　　　　　　　图 2-32（b）　完成倒角

AutoCAD 提供了两种倒角操作的边的修剪模式，即【不修剪（N）】/【修剪（T）】。

【修剪（T）】选项是用来设置倒角的修剪模式的。当模式为【修剪（T）】时，被倒角的直线会被修剪到倒角斜线的端点，如图 2-32（b）所示；当选择模式为【不修剪（N）】时，被倒角的直线不会被修剪掉，如图 2-33 所示。

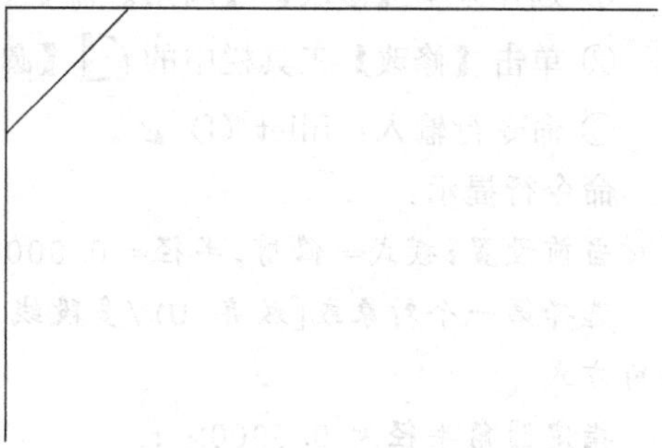

方法二：距离倒角。

距离倒角是系统默认的倒角方法，通过输入两条线上要倒角的长度值来完成倒角命令。

命令行提示：

图 2-33　倒角模式为不修剪

命令：_chamfer√

（"修剪"模式）当前倒角距离 1= 0.0000,距离 2= 0.0000

选择第一条直线或[放弃(U)/多段线(P)/距离(D)/角度(A)/修剪(T)/方式(E)/多个(M)]:d√

指定第一个倒角距离 <0.0000> ：

指定第二个倒角距离 <0.0000> ：

选择第一条直线或[放弃(U)/多段线(P)/距离(D)/角度(A)/修剪(T)/方式(E)/多个(M)]：

选择第二条直线,或按住 Shift 键选择要应用角点的直线：

操作距离倒角的步骤如下：

① 执行倒角命令。

② 选择第一条直线或[放弃(U)/多段线(P)/距离(D)/角度(A)/修剪(T)/方式(E)/多个(M)]:d√，指定距离倒角方式。

③ 指定第一个倒角距离＜0.0000＞：5√，指定第一个倒角长度值。

④ 指定第二个倒角距离＜0.0000＞：5√，指定第二个倒角长度值。

⑤ 选择第一条直线或[放弃(U)/多段线(P)/距离(D)/角度(A)/修剪(T)/方式(E)/多个(M)]：指定第一条倒角线，如图 2-34（a）所示。

⑥ 选择第二条直线，或按住 Shift 键选择要应用角点的直线：指定第二条倒角线，如图 2-34（b）所示，完成倒角操作。

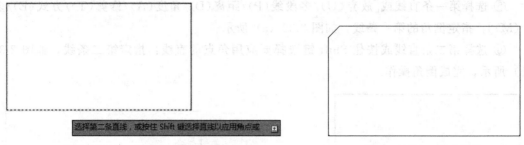

图 2-34（a）　指定第一条倒角线　　　　　　　　　　图 2-34（b）　完成倒角

2.7.2　倒圆角

倒圆角是按照给定的半径创建一条圆弧，或者自动修剪或者延伸到需要倒圆角的对象使图线能够光滑连接。这里主要介绍用半径倒圆角的方法。

输入命令的方式：

① 选择菜单【修改】→【圆角】命令。

② 单击【修改】工具栏中的 ◯ 【圆角】按钮。

③ 命令行输入：fillet（f）✓。

命令行提示：

当前设置：模式＝修剪，半径＝0.0000

选择第一个对象或［放弃（U）/多段线（P）/半径（R）/修剪（T）/多个（M）］:r✓　执行半径圆角方式

指定圆角半径 ＜0.0000＞:

选择第一个对象或［放弃（U）/多段线（P）/半径（R）/修剪（T）/多个（M）］:

选择第二个对象,或按住 Shift 键选择要应用角点的直线:

半径圆角步骤如下：

① 执行圆角命令。

② 选择第一个对象或［放弃（U）/多段线（P）/半径（R）/修剪（T）/多个（M）］:r✓执行半径圆角方式

③ 指定圆角半径 ＜0.0000＞:10✓。

④ 选择第一个对象或［放弃（U）/多段线（P）/半径（R）/修剪（T）/多个（M）］:指定倒圆角的第一个对象，如图 2-35（a）所示。

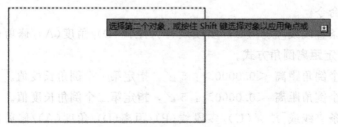

图 2-35（a）　指定倒圆角的第一个对象

⑤ 选择第二个对象，或按住 Shift 键选择要应用角点的直线：指定倒圆角的第二个对象，如图 2-35（b）所示，完成倒圆角的操作。

图 2-35（b）   完成倒圆角

2.8   镜像和偏移图形对象

2.8.1   镜像图形对象

镜像命令主要是用来创建轴对称图形。

输入命令的方式：

① 选择菜单【修改】→【镜像】命令。

② 单击【修改】工具栏中的 ◢◣【镜像】按钮。

③ 命令行输入 mirror（mi）✓。

命令行提示：

选择对象:指定对角点:

选择对象:

指定镜像线的第一点:指定镜像线的第二点:

要删除源对象吗？［是(Y)/否(N)］< 否 > :(N)

镜像命令操作步骤如下：

① 执行镜像命令。

② 选择对象：指定对角点：选择镜像对象，如图 2-36（a）所示。

③ 选择对象：结束对象的选择。

④ 指定镜像线的第一个端点：指定镜像线

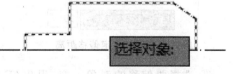

图 2-36（a）   选择要镜像的对象

的第二个端点：指定镜像线上的两个点，如图 2-36（b）、（c）所示。

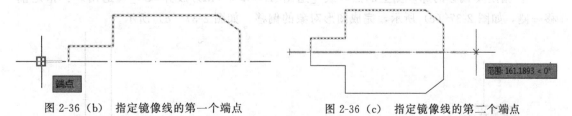

图 2-36（b）   指定镜像线的第一个端点　　　　图 2-36（c）   指定镜像线的第二个端点

⑤ 要删除源对象吗？［是(Y)/否(N)］<否>:<N>✓不删除源对象，操作完成图形的镜像，如图 2-36（d）所示。

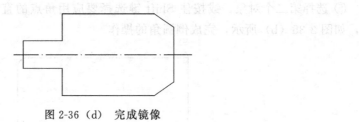

图 2-36 (d) 完成镜像

2.8.2 偏移图形对象

偏移图形对象是创建一个与选定图形平行并保持等距离的新的图形对象，可偏移的对象包括直线、圆、矩形及其他多边形等。

输入命令的方式：

① 选择菜单【修改】→【偏移】命令。

② 单击【修改】工具栏中的 ⬚ 【偏移】按钮。

③ 命令行输入 offset（o）✓。

命令行提示：

当前设置：删除源=否　图层=源　OFFSETGAPTYPE=0

指定偏移距离或[通过(T)/删除(E)/图层(L)]<通过>：

选择要偏移的对象，或[退出(E)/放弃(U)]<退出>：

指定要偏移的那一侧上的点，或[退出(E)/多个(M)/放弃(U)]<退出>：

执行偏移步骤如下：

① 执行偏移命令。

② 指定偏移距离或 [通过(T)/删除(E)/图层(L)]<0.0000>：20 ✓指定偏移距离为"20"，如图 2-37 （a）所示。

图 2-37 （a） 指定偏移距离　　　　　　　　　　　图 2-37 （b） 指定偏移对象

③ 选择要偏移的对象，或[退出(E)/放弃(U)]<退出>：指定偏移对象，如图 2-37 （b）所示。

④ 指定要偏移的那一侧上的点，或 [退出(E)/多个(M)/放弃(U)]<退出>：指定偏移一侧，如图 2-37 （c）所示，完成图形对象的偏移，如图 2-37 （d）所示。

图 2-37 （c） 指定偏移一侧　　　　　　　　　　　图 2-37 （d） 完成偏移

2.9　复制和移动图形对象

图形对象的编辑修改除了镜像、偏移、修剪和延伸以外，还有一些常用操作命令。熟练掌握这些操作命令能够更快捷地绘制图形，提高绘图效率。

2.9.1　复制图形对象

绘制二维图形时，相同的图形经常会重复出现，若重复绘制相同的图会使操作过程变得繁琐无趣，工作效率也不高。而 AutoCAD 操作系统中的复制命令，就很好地减少了重复操作的问题，大大提高了绘图的效率。复制命令可用于不同位置的相同对象的处理，复制的对象与源对象之间完全保持独立，可以对复制对象进行其他编辑操作。

输入命令的方式：

① 选择菜单栏【修改】→【复制】命令。

② 单击【修改】工具栏中的 [○]○○ 【复制】按钮。

③ 命令行输入 copy（co 或 cp）✓。

命令行提示：

选择对象：

当前设置：复制模式= 多个

指定基点或［位移 (D) /模式 (O)］< 位移> :指定第二个点或< 使用第一个点作为位移> :

指定第二个点或［阵列 (A) /退出 (E) /放弃 (U)］< 退出> :

执行复制步骤如下：

① 执行复制命令。

② 选择对象：指定复制对象，如图 2-38（a）所示。

③ 选择对象：✓　结束对象的选择

④ 指定基点或［位移(D)/模式(O)］<位移>：指定第二个点或<使用第一个点作为位移>：15 ✓　指定基点，如图 2-38（b）所示，并指定放置位移，如图2-38（c）所示。

图 2-38（a）　指定复制对象　　　　　　　　　图 2-38（b）　指定基点

⑤ 指定第二个点或［退出(E)/放弃(U)］<退出>：完成复制，如图 2-38（d）所示。

复制命令执行过程中，基点确定后，当系统要求给定第二个点时输入 "@"，按 Enter 键，则复制出与原图形相同的图；当系统要求给定第二点，直接按 Enter 键，则复制出的图形与原图形相距位移是基点到坐标原点的距离。

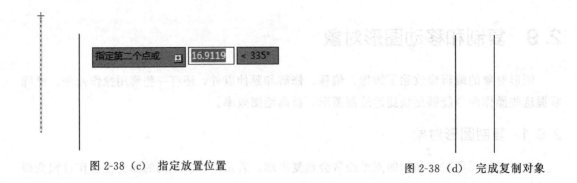

图 2-38（c）　指定放置位置　　　　　　　　　　图 2-38（d）　完成复制对象

2.9.2　移动图形对象

在 AutoCAD 操作系统中，绘制二维图形时，如果图形对象的位置需要改变，可以使用移动命令对图形对象的位置进行修改。执行此命令时，根据 AutoCAD 操作系统的提示要求指定基点，可根据基点的定位来实现对图形对象移动的精确定位。移动命令只是图形对象位置的平移，不会改变图形对象的大小和方向。

输入命令的方式：

① 选择菜单栏【修改】→【移动】命令。

② 单击【修改】工具栏中的 ✛【移动】按钮。

③ 命令行输入 move（m）↙。

命令行提示：

选择对象：

指定基点或［位移(D)］<位移>：指定第二个点或<使用第一个点作为位移>：

执行移动命令步骤如下：

① 选择对象：选择要移动的对象。

② 选择对象：↙　确定对象的选择。

③ 指定基点或［位移（D）］<位移>：指定第二个点或<使用第一个点作为位移>：选择移动基点，移动鼠标指定位移的第二点。

如果在【指定第二点】提示下指定点，则按两个点定义的矢量作为移动对象点距离和方向，如果按 Enter 键或单击鼠标右键，则第一点的坐标值将被当作图形对象相对于 X、Y、Z 轴的位移。

2.10　旋转和缩放图形对象

2.10.1　旋转图形对象

通过选择一个基点和一个旋转角度（相对或绝对均可），可实现图形对象的旋转，源对象可以删除也可保留。指定一个相对旋转角度，可将对象从当前位置以相对角度绕基点旋转到需要位置。默认设置是逆时针方向旋转为角度的正值，顺时针方向旋转为角度的负值。

输入命令的方式：

① 选择菜单【修改】→【旋转】命令。

② 单击【修改】工具栏中的 ◯【旋转】按钮。

③ 命令行输入 rotate（ro）✐。

命令行提示：

UCS 当前的正角方向：ANGDIR= 逆时针　ANGBASE= 0

选择对象：指定对角点：

选择对象：

指定基点：

指定旋转角度，或[复制(C)/参照(R)]< 0> :

执行旋转对象的步骤如下：

① 执行旋转对象命令。

② 选择要旋转的图形对象，按 Enter 键完成对象选择。

③ 指定旋转中心，系统根据要求进行角度旋转。

如果不知道应该旋转的角度，可采用参照旋转的方式。

2.10.2　缩放图形对象

在绘图工程中，对那些图形结构相同、尺寸不同但长度和宽度方向缩放比例相同的图形，在绘制完成一个图形以后，其余的若干个均可通过图形比例缩放来完成。可直接指定缩放的比例和基点，也可利用参照缩放指定当前的比例和新的长度比例。

输入命令的方式：

① 选择菜单【修改】→【缩放】命令。

② 单击【修改】工具栏中的 ▢【缩放】按钮。

③ 命令行输入 scale（sc）✐。

命令行提示：

选择对象：指定对角点：

选择对象：

指定基点：

指定比例因子或[复制(C)/参照(R)]:< 1.0000>

执行缩放图形对象的步骤如下：

① 执行缩放命令。

② 选择对象：指定对角点：选择缩放的对象。

③ 选择对象：✐完成缩放对象的选择。

④ 指定基点：在绘图区指定缩放对象的基点。

⑤ 指定比例因子或[复制(C)/参照(R)]:<1.0000>：指定缩放比例，完成对象的缩放操作。

同 步 练 习

根据图形尺寸，用图元和编辑命令绘制图 2-39～图 2-48。

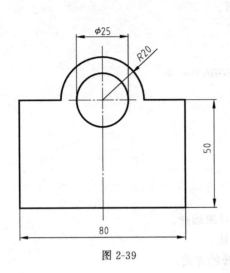

图 2-39

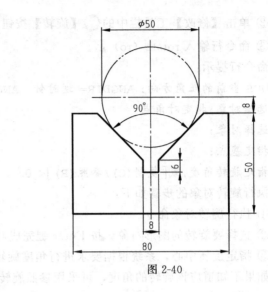

图 2-40

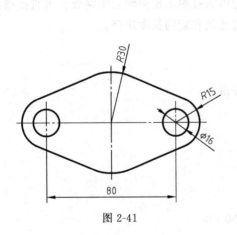

图 2-41

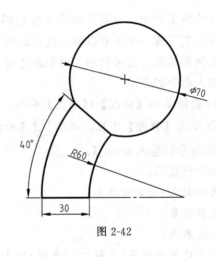

图 2-42

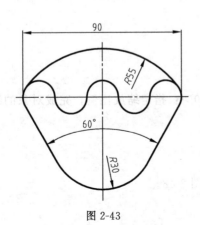

图 2-43

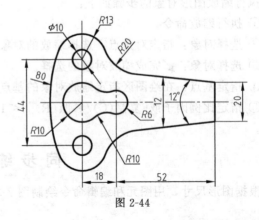

图 2-44

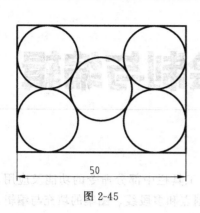

图 2-45

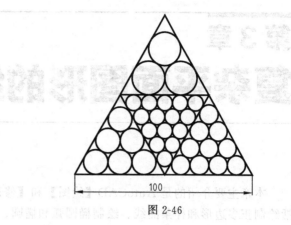

图 2-46

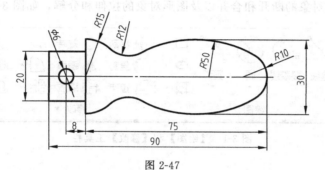

图 2-47

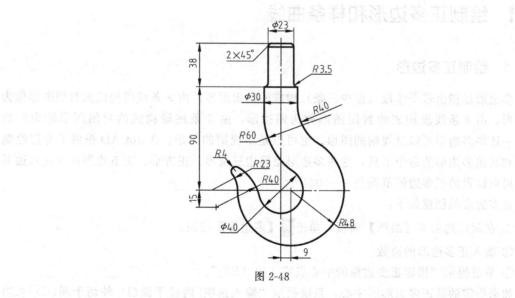

图 2-48

第3章
复杂平面图形的绘制与编辑

本章主要介绍的是 AutoCAD【绘图】和【修改】工具栏中部分命令的功能及应用，包括绘制正多边形和样条曲线、绘制椭圆弧和椭圆、绘制点和多段线、图案的填充与编辑、阵列图形对象、图形对象的断开和合并以及图形对象的拉伸和分解，如图 3-1 所示。

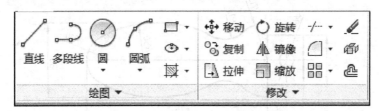

图 3-1   【绘图】和【修改】工具栏

3.1 绘制正多边形和样条曲线

3.1.1 绘制正多边形

多边形是指由若干线段（至少三条）构成的封闭图形。由 3 条线段构成的封闭图形称为三角形，由 4 条线段构成的封闭图形称为四边形，由 5 条线段构成的封闭图形称为五边形……这些多边形可以是规则的图形，也可以是不规则的图形。AutoCAD 提供了专门绘制矩形和其他多边形的命令工具，这些多边形是等边三角形、正方形、正五边形以及正六边形等。可以设置的正多边形范围是 3~1024 个。

正多边形的创建如下：

① 在默认选项卡【绘图】面板，单击⬠【多边形】按钮。

② 输入正多边形的边数。

③ 系统提示"指定正多边形的中心点或［边（E）］"。

如果指定的是正多边形的中心，系统提示"输入选项［内接于圆(I)/外切于圆(C)]＜当前默认选项＞:"这时选择"内接于圆"或"外接于圆"选项，再指定圆的半径就可以绘制一个正多边形。

如果在"指定正多边形的中心点或［边(E)]"中选择［边（E）］，那么需要指定边的第一个端点和第二个端点。

操作示例：绘制一个等边三角形和一个正六边形。

① 在功能区【默认】选项卡【绘图】面板中单击⬠【多边形】按钮，再根据命令行的

提示执行。

命令：_polygon ✔

输入侧面数 < 3> :3 ✔

指定正多边形的中心点或[边(E)]:0,0 ✔

输入选项[内接于圆(I)/外切于圆(C)]< I> :I ✔

指定圆的半径:25 ✔

绘制出等边三角形如图 3-2 所示。

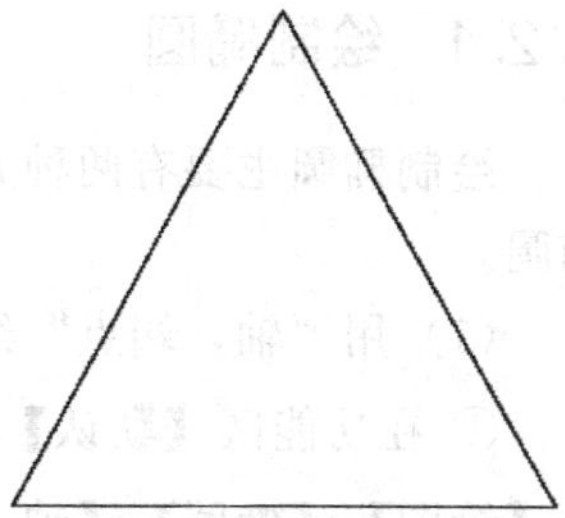

② 在功能区【默认】选项卡【绘图】面板中单击 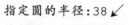【多边

形】按钮，再根据命令行的提示执行。

命令：_polygon ✔

输入侧面数 < 3> :6 ✔

指定正多边形的中心点或[边(E)]:0,0 ✔

输入选项[内接于圆(I)/外切于圆(C)]< I> :C ✔

指定圆的半径:38 ✔

绘制的正六边形如图 3-3 所示。

图 3-2　绘制等边三角形

3.1.2　绘制样条曲线

样条曲线是一种经过或接近一系列给定点的特殊曲线。在 AutoCAD 2016 中，可以通过拟合点来绘制样条曲线，也可通过控制点绘制样条曲线。下面以拟合点来绘制样条曲线。

操作示例：样条曲线拟合。

图 3-3　绘制正六边形

① 菜单选择【绘图】→【样条曲线】→【拟合点】命令，或在功能区【默认】选项【绘图】面板单击 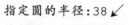【样条曲线拟合】按钮。

② 根据命令行提示执行。

命令：_spline ✔

当前设置:方式= 拟合　节点= 弦

指定第一个点或[方式(M)/节点(K)/对象(O)]:_M

输入样条曲线创建方式[拟合(F)/控制点(CV)]< 拟合> :_F

当前设置:方式= 拟合　节点= 弦

指定第一个点或[方式(M)/节点(K)/对象(O)]:

输入下一个点或[起点切向(T)/公差(L)]:

输入下一个点或[端点相切(T)/公差(L)/放弃(U)]:

输入下一个点或[端点相切(T)/公差(L)/放弃(U)/闭合(C)]:

输入下一个点或[端点相切(T)/公差(L)/放弃(U)/闭合(C)]:

输入下一个点或[端点相切(T)/公差(L)/放弃(U)/闭合(C)]: ✔

使用拟合点绘制出的样条曲线如图 3-4 所示。

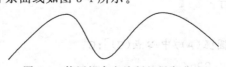

图 3-4　使用拟合点绘制的样条曲线

3.2 绘制椭圆和椭圆弧

椭圆的中心至圆周上的距离是变化的,椭圆由长轴和短轴决定。椭圆弧是椭圆的一部分图形。

3.2.1 绘制椭圆

绘制椭圆主要有两种方法:一种是用"轴,端点"绘制椭圆,另一种是用"圆心"绘制椭圆。

(1)用"轴,端点"绘制椭圆

① 在功能区【默认】选项【绘图】面板单击 ⬭ 【椭圆:轴,端点】按钮,或选择菜单【绘图】→【椭圆】→【轴,端点】命令。

② 指定椭圆一个轴端点。

③ 指定该轴另一端点。

④ 指定另一条半轴的长度,或选择"旋转"并指定绕长轴旋转的角度,通过绕第一条轴(长轴)旋转圆创建椭圆。

操作示例:用"轴,端点"绘制椭圆。

① 在功能区【默认】选项【绘图】面板单击 ⬭ 【椭圆:轴,端点】按钮,或选择菜单【绘图】→【椭圆】→【轴,端点】命令。

② 根据命令行提示执行。

命令:_ellipse↙

指定椭圆的轴端点或[圆弧(A)/中心点(C)]:20,20↙

指定轴的另一个端点:50,20↙

指定另一条半轴长度或[旋转(R)]:8↙

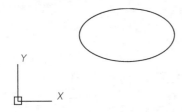

图 3-5 用"轴,端点"绘制的椭圆

完成绘制的椭圆如图 3-5 所示。

(2)用"圆心"绘制椭圆

① 在功能区【默认】选项【绘图】面板单击 ⬭ 【椭圆:圆心】按钮,或选择菜单【绘图】→【椭圆】→【圆心】命令。

② 指定椭圆的中心。

③ 指定其中一轴的一格个端点。

④ 指定另一半轴的长度,或选择"旋转"以指定绕第一条轴的旋转角度。

操作示例:用"圆心"绘制椭圆。

① 在功能区【默认】选项【绘图】面板单击 ⬭ 【椭圆:圆心】按钮,或选择菜单【绘图】→【椭圆】→【圆心】命令。

② 根据命令行提示执行。

命令:_ellipse↙

指定椭圆的轴端点或[圆弧(A)/中心点(C)]:C

指定椭圆的中心点:120,80↙

指定轴的端点:180,100 ↙

指定另一条半轴长度或[旋转(R)]:39.5 ↙

完成绘制的椭圆如图 3-6 所示。

3.2.2　绘制椭圆弧

绘制椭圆弧，可在【默认】选项【绘图】面板单击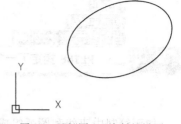

【椭圆弧】按钮，或选择菜单【绘图】→【椭圆】→【圆弧】命
令，窗口出现如图 3-7 所示的命令提示信息，用户根据该信

图 3-6　用"圆心"绘制的椭圆

息指定椭圆弧的轴端点，或者选择"中心点（C）"，再根据提示进行相关操作从而完成在整个椭圆中截取所需一段圆弧。

> ✕ 🔧　 ∿ ELLIPSE 指定椭圆弧的轴端点或 [中心点(C)]:　　　　　　　　　　　　　　　　▲

图 3-7　命令行中的提示（浮动命令窗口）

操作示例：用"中心点"绘制椭圆弧。

① 在功能区【默认】选项【绘图】面板单击 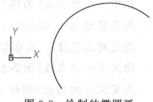 【椭圆弧】按钮，或选择菜单【绘图】→【椭圆】→【圆弧】命令。

② 根据命令行提示执行。

命令:_ellipse↙

指定椭圆的轴端点或[圆弧(A)/中心点(C)]:A↙

指定椭圆弧的轴端点或[中心点(C)]:C↙

指定椭圆弧的中心点:50,0↙

指定轴的端点: 80,0↙

指定另一条半轴长度或[旋转(R)]:R↙

指定绕长轴旋转的角度:30 ↙

指定起点角度或[参数(P)]:45↙

指定端点角度或[参数(P)/夹角(I)]:210↙

完成绘制的椭圆弧如图 3-8 所示。

图 3-8　绘制的椭圆弧

3.3　绘制多段线和点

多段线是 AutoCAD 的一个对象。多段线由直线和圆弧组成，可以通过改变宽度绘成等宽的或不等宽的几何图案，由一次命令绘制成的直线或圆弧是一个复合图形。

3.3.1　绘制多段线

选择【绘图】菜单→【多段线】命令，或在相应面板单击 [多段线] 【多段线】按钮，再根据命令行的提示指定多段线的起点，此时出现的命令行提示信息如图 3-9 所示。用户根据需要决定绘制直线或者圆弧，并设置半宽、长度、宽度等绘制所需多段线。

用"宽度"和"半宽"选项可绘制各种宽度的多段线，可依次设置每条线段宽度，设置大于零的宽度能生成宽线。

PLINE
指定起点：
当前线宽为 0.0000

X 🔧 ↪ **PLINE** 指定下一个点或 [**圆弧(A) 半宽(H) 长度(L) 放弃(U) 宽度(W)**]: ▲

图 3-9　绘制多段线的命令行提示

如要绘制由直线和圆弧组成的多段线，可按如下步骤进行。

① 选择【绘图】菜单→【多段线】命令，或在【绘图】面板单击 ▬▬ 【多段线】按钮。

② 指定多段线的线段起点。

③ 指定多段线的线段端点。注意命令行的提示，熟练切换到"圆弧"或者"直线"模式。在命令行提示下输"A"并按 Enter 键，或用鼠标单击提示中的"圆弧"，即可切换到"圆弧"模式；在命令行提示下输"L"并按 Enter 键，或用鼠标单击提示中的"直线"，即可切换到"直线"模式。

④ 根据需要指定其他多段线。

⑤ 按回车键结束，或输入"C"确定使多段线闭合。

操作示例：绘制多段线。

① 在【绘图】面板单击 ▬▬ 【多段线】按钮。

② 根据命令行提示执行。

命令：_pline↙

指定起点：90,90↙

当前线宽为 2.0000

指定下一个点或[圆弧(A)/半宽(H)/长度(L)/放弃(U)/宽度(W)]:W↙

起点宽度 < 2.0000> :5↙

指定端点宽度 < 5.0000> :2↙

指定下一个点或[圆弧(A)/半宽(H)/长度(L)/放弃(U)/宽度(W)]:A↙

指定圆弧的端点(按住 Ctrl 键以切换方向)或[角度(A)/圆心(CE)/方向(D)/半宽(H)/直线(L)/半径(R)/第二个点(S)/放弃(U)/宽度(W)]:CE↙

指定圆弧的圆心:120,90↙

指定圆弧的端点(按住 Ctrl 键以切换方向)或[角度(A)/长度(L)]:160,100↙

指定圆弧的端点(按住 Ctrl 键以切换方向)或[角度(A)/圆心(CE)/闭合(CL)/方向(D)/半宽(H)/直线(L)/半径(R)/第二个点(S)/放弃(U)/宽度(W)]:W↙

指定起点宽度 < 2.0000> :↙

指定端点宽度 < 2.0000> :1↙

指定圆弧的端点(按住 Ctrl 键以切换方向)或[角度(A)/圆心(CE)/闭合(CL)/方向(D)/半宽(H)/直线(L)/半径(R)/第二个点(S)/放弃(U)/宽度(W)]:50,80↙

指定圆弧的端点(按住 Ctrl 键以切换方向)或[角度(A)/圆心(CE)/闭合(CL)/方向(D)/半宽(H)/直线(L)/半径(R)/第二个点(S)/放弃(U)/宽度(W)]:W↙

指定起点宽度 < 1.0000> :↙

指定端点宽度 < 1.0000> :0↙

指定圆弧的端点(按住 Ctrl 键以切换方向)或[角度
(A)/圆心(CE)/闭合(CL)/方向(D)/半宽(H)/直线(L)/半径
(R)/第二个点(S)/放弃(U)/宽度(W)]:90,65↙

指定圆弧的端点(按住 Ctrl 键以切换方向)或[角度
(A)/圆心(CE)/闭合(CL)/方向(D)/半宽(H)/直线(L)/半径
(R)/第二个点(S)/放弃(U)/宽度(W)]:↙

完成绘制的多段线如图 3-10 所示。

图 3-10　绘制的多段线

3.3.2　点样式设置

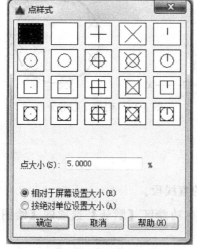

图 3-11　【点样式】对话框

AutoCAD 按照设定的点样式在指定位置绘制点，或者绘制定数等分点或者定距等分点。同一个图形中，只能有一种点样式，在改变点样式时，该图形文件绘制出的所有点样式会随之改变。无论一次画几个点，每个点都是独立的几何图素。

选择菜单【格式】→【点样式】命令，打开如图 3-11 所示的【点样式】对话框。选定一种点的显示样式，并且在"点大小"文本框设置其显示大小。如单击【相对于屏幕设置大小】按钮，则会按照屏幕尺寸的百分比设置出点的显示大小，在缩放时不会改变点的大小；如单击【按绝对单位设置大小】按钮，则"点大小"文本框按实际单位输入的值定义点显示大小，在缩放时会使显示的点大小随之变化。将点样式和点大小设置好后，单击【点样式】对话框中的【确定】按钮。

3.3.3　绘制点

AutoCAD 提供了定数等分和定距等分两种等分对象。使用【定数等分】命令，可在对象上按给定数目沿对象的长度或者周长创建间距相等的点对象或者块；使用【定距等分】命令，可在对象上按给指定的间距连续创建点或者插入块。定数等分或定距等分的起点随对象类型而变化：直线或者非闭合的多段线，距离选择点最近的端点是起点；闭合的多段线，多段线的起点是等分的起点；圆的起点是圆心与当前捕捉路径的交点。

(1) 绘制定数等分点

方法和步骤如下：

① 选择菜单【绘图】→【点】→【定数等分】命令，或在功能区【默认】选项的【绘图】面板单击 ⚿ 【定数等分】按钮。

② 选择等分对象。

③ 输入有效的线段数目。

操作示例：以定数等分在对象上绘制若干个点

① 新建一个图形文件，将所需的点样式设置好。

② 在功能区【默认】选项的【绘图】面板单击 🌑 【圆心，半径】按钮，绘出如图 3-12 所示的圆，具体操作

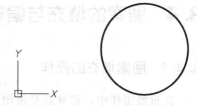

图 3-12　绘制的圆

步骤如下。

命令：_circle↙

指定圆的圆心或[三点(3P)/两点(2P)/切点、切点、半径(T)]:200,100↙

指定圆的半径或[直径(D)]:100↙

③ 选择菜单【绘图】→【点】→【定数等分】命令，或在功能区【默认】选项【绘图】面板单击【定数等分】按钮，根据命令行提示进行操作。

命令：_divide↙

选择要定数等分的对象：

输入线段数目或[块(B)]:7↙

创建的定数等分点如图 3-13 所示。

图 3-13　创建定数等分点

(2) 绘制定距等分点

方法和步骤如下：

① 选择菜单【绘图】→【点】→【定距等分】命令，或在功能区【默认】选项的【绘图】面板单击 【定距等分】按钮。

② 选择等分对象。

③ 指定间距。

操作示例：在直线上创建定距等分点

① 单击按钮【直线】 在绘图区域绘出长度为 100 的直线段。

② 选择菜单【绘图】→【点】→【定距等分】命令，或在功能区【默认】选项的【绘图】面板单击 【定距等分】按钮。具体操作步骤如下。

命令：_measure↙

选择要定距等分的对象：

指定线段长度或[块(B)]:20↙

创建的定距等分点如图 3-14 所示。

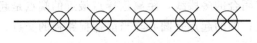

图 3-14　创建定距等分点

绘制单点和多点的方法和步骤很简单，选择菜单【绘图】→【点】的命令后，指定点的位置即可。

3.4　图案的填充与编辑

3.4.1　图案填充的操作

在机械图样中，常常需要将图形绘制成剖视图或者剖面图，在剖视图中，为了区分不同零件的剖面，需对剖面进行图案填充。图案填充指的是选用某一图案填充封闭区域，使该区域表达一定信息。机械制图中，金属零件的剖面区域的填充图案成为剖面线 ，用＋45°间距相等的细实线、或者－45°间距相等的细实线表达。同一金属零件，剖面线方向与间距必须一致。

AutoCAD 的图案填充功能是将各种类型的图案填充在指定区域，用户可自定义图案类型，也可修改已定义图案特征。

在图 3-15 所示的封闭图形中，按以下步骤在封闭区域进行图案填充。

① 如关闭功能区，选择菜单【绘图】→【图案填充】命令，弹出【图案填充和渐变色】对话框，如图 3-16 所示。

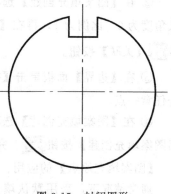

图 3-15　封闭图形

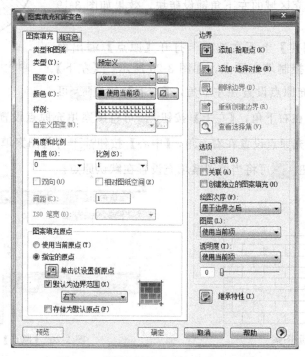

图 3-16　【图案填充和渐变色】对话框

如开启功能区，在功能区【默认】选项【绘图】面板单击 【图案填充】按钮，功能区出现如图 3-17 所示的【图案填充创建】上下文选项卡，该选项卡包括"边界"面板、"特性"面板、"图案"面板、"原点"面板以及"选项"面板和"关闭"面板，操作内容和在【图案填充和渐变色】对话框一样，只是用户的操作习惯和界面方式不同。以开启功能区为例，用【图案填充创建】选项对封闭区域填充图案。

图 3-17　【图案填充创建】上下文选项卡

② 在【图案填充创建】选项卡中【图案】面板选择 ANSI31 图案，【特性】面板接受默认角度为 0，比例为 1，再在【原点】面板单击 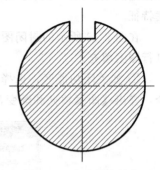【设定原点】按钮，在【选项】面板单击【关联】按钮。

③ 在【边界】面板单击【拾取点】按钮，将鼠标放在绘图区，在图形封闭区域内单击任意一点。

④ 在【图案填充创建】选项卡【关闭】面板中，单击【关闭图案填充创建】按钮。完成图案填充如图 3-18 所示。

【图案填充原点】的应用：

通常情况下，采用默认填充原点基本可以满足设计要求。但是在某些设计场合，需要重新设置图案填充的原点。例如，创建砖形图案，在填充区域的左下角铺设砖块，效果如图 3-19 所示。

在【图案填充创建】上下文选项卡打开【原点】溢出面板，用相应的工具可控制填充原点，如图 3-20 所示。【左下】按钮可将图案填充原点设置在左下角，【右下】按钮可将图案填充原点设置在右下角，【左上】按钮可将图案填充原点设置在左上角，【右上】按钮可将图案填充原点设置在右上角，【中心】按钮可将图案填充原点设置在中心，【使用当前原点】按钮可将当前图案填充设置在默认原点。

图 3-18　完成图案填充

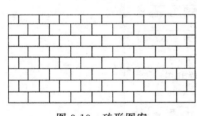

图 3-19　砖形图案

图 3-20　【原点】溢出面板

【关联】的应用：

关联图案填充随边界的更改而自动更新。默认状态下，使用【图案填充】命令创建图案填充区域是相关联的。如用【图案填充】命令创建非关联的图案填充，需在【图案填充创建】上下文选项卡【选项】面板取消【关联】按钮，如图 3-21 所示。

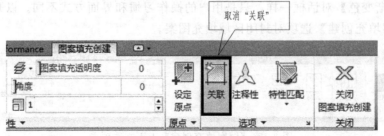

图 3-21　取消【关联】按钮

3.4.2　图案填充的编辑

图案填充的编辑有三种方法，分别是：图案填充的修改、图案填充的分解以及图案填充的修剪。

方法一：图案填充的修改。

可修改填充图案的剖面线类型、比例缩放、角度以及填充方式等。

输入命令的方式：

① 单击已填充的图案，再鼠标右键单击，在弹出的快捷菜单中选择【编辑图案填充】命令。

② 在默认【修改】面板单击【编辑图案填充】按钮 。

③ 命令行输入：hatchedit。

修改图案填充步骤如下：

① 执行图案填充修改命令，弹出如图 3-16 所示的【图案填充和渐变色】对话框。

② 作相应修改。

③ 单击【确定】按钮即可。

方法二：图案填充的编辑。

一个区域的剖面线是一个整体图块，对一条剖面线进行编辑（如删除等），需将这个整体图块分解成单个几何图素。

输入命令的方式：

① 在默认【修改】面板中单击 【分解】按钮。

② 命令行输入：explode。

分解图案填充步骤如下：

① 执行图案填充分解命令。

② 在绘图区域选择剖面线图块。

③ 单击鼠标右键或回车即可完成分解。

方法三：图案填充的修剪。

用修剪命令，可对已填好的剖面线进行修剪。

输入命令的方式：

① 在默认【修改】面板中单击 【修剪】按钮。

② 命令行输入：trim。

修剪图案填充步骤如下：

① 执行图案填充修剪命令。

② 在绘图区选择剪切边，单击右键确认。

③ 在图案填充区域中选择需要修剪的那部分即完成修剪。

修剪两个矩形相交部分的剖面线，如图 3-22 所示。

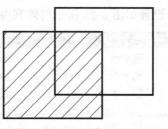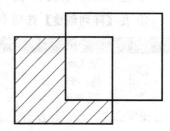

图 3-22　剖面线修剪示例

3.5 阵列图形对象

阵列是指按指定方式排列，创建多个对象副本。阵列分矩形阵列和环形阵列两种。在创建各类阵列的过程中，可控制阵列的关联性。

3.5.1 矩形阵列

在 AutoCAD 2016 中，矩形阵列是将项目分布到任意行、列和层的组合。二维制图中，只需要考虑行和列的相关设置（行间距、行数、列间距、列数），不用考虑层的设置，矩形阵列如图 3-23 所示。创建矩形阵列的过程中，拖曳阵列夹点，可增加或减少阵列中行、列数量和间距，如图 3-24 所示。

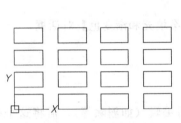

图 3-23　矩形阵列示例

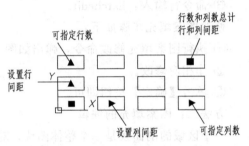

图 3-24　使用夹点更改阵列配置

创建矩形阵列可按如下步骤进行。

① 确保显示功能区（切换到【草图与注释】工作空间），在功能区【默认】选项卡的【修改】面板中单击 ⊞ 【矩形阵列】按钮。

② 选择需要排列的对象，按 Enter 键，显示默认的矩形阵列。

③ 阵列预览中，拖曳夹点调整间距及行数和列数，或在【阵列】上下文功能区对值进行修改。

④ 在【阵列创建】选项卡中单击 ✖ 【关闭阵列】按钮。

创建矩形阵列时，用户也可用命令窗口作相关输入操作。

操作示例：创建矩形阵列。

① 新建一个图形文件，切换到【草图与注释】选项卡，再以原点（0，0）为圆心绘制一个半径为 8 的圆。

② 在【默认】选项卡【修改】面板中单击 ⊞ 【矩形阵列】按钮。

③ 选中要阵列的圆，按 Enter 键。

④ 在【阵列创建】选项卡设置如图 3-25 所示的阵列参数，单击选中 ▦ 【关联】按钮。

图 3-25　【阵列创建】选项卡

⑤ 在【阵列创建】选项卡单击 ![X] 【关闭阵列】按钮。

完成该示例创建的矩形阵列，如图 3-26 所示。

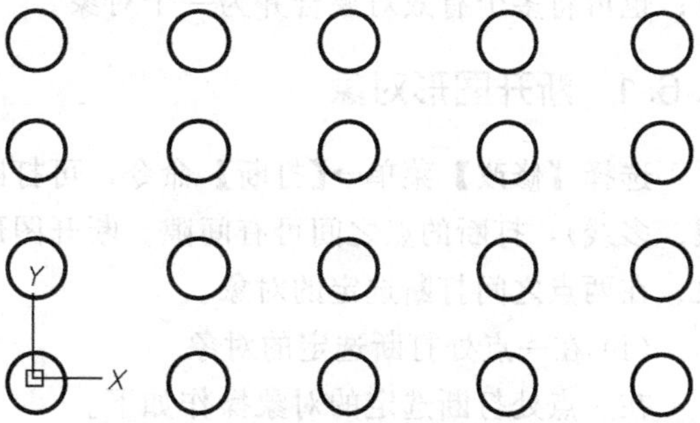

3.5.2 环形阵列

环形阵列是指围绕指定圆心复制选定对象创建的阵列。

操作示例：创建环形阵列。

① 新建一个图形文件，单击 ⊙【圆心，半径】按钮，按如下操作步骤绘制圆。

命令:_circle↙
指定圆的圆心或[三点(3P)/两点(2P)/切点、切点、半径(T)]:20,20↙
指定圆的半径或[直径(D)]<6.0000>:6↙

绘出的圆如图 3-27 所示。将该圆作为环形阵列的源图形对象。

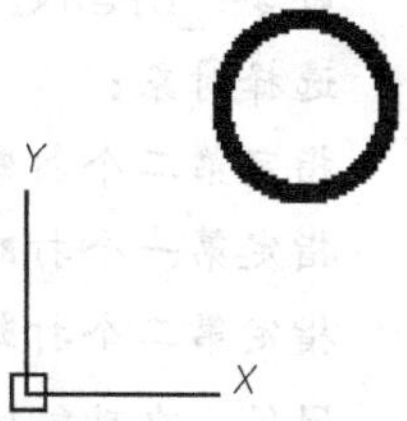

② 在功能区【默认】选项卡【修改】面板中单击【环形阵列】按钮 ✿，或在菜单栏选择【修改】→【阵列】→【环形阵列】命令。

③ 根据命令行的提示进行以下操作。

命令:_arraypolar↙
选择对象:找到 1 个
选择对象:↙
类型= 极轴　关联= 是
指定阵列的中心点或[基点(B)/旋转轴(A)]:0,0↙
选择夹点以编辑阵列或[关联(AS)/基点(B)/项目(I)/项目间角度(A)/填充角度(F)/行(ROW)/层(L)/旋转项目(ROT)/退出(X)]<退出>:I↙
输入阵列中的项目数或[表达式(E)]<6>:8↙
选择夹点以编辑阵列或[关联(AS)/基点(B)/项目(I)/项目间角度(A)/填充角度(F)/行(ROW)/层(L)/旋转项目(ROT)/退出(X)]<退出>:F↙
指定填充角度(+ = 逆时针、-= 顺时针)或[表达式(EX)]<360>:↙
选择夹点以编辑阵列或[关联(AS)/基点(B)/项目(I)/项目间角度(A)/填充角度(F)/行(ROW)/层(L)/旋转项目(ROT)/退出(X)]<退出>:AS↙
创建关联阵列[是(Y)/否(N)]<是>:N↙
选择夹点以编辑阵列或[关联(AS)/基点(B)/项目(I)/项目间角度(A)/填充角度(F)/行(ROW)/层(L)/旋转项目(ROT)/退出(X)]<退出>:↙

创建完成的环形阵列，如图 3-28 所示。

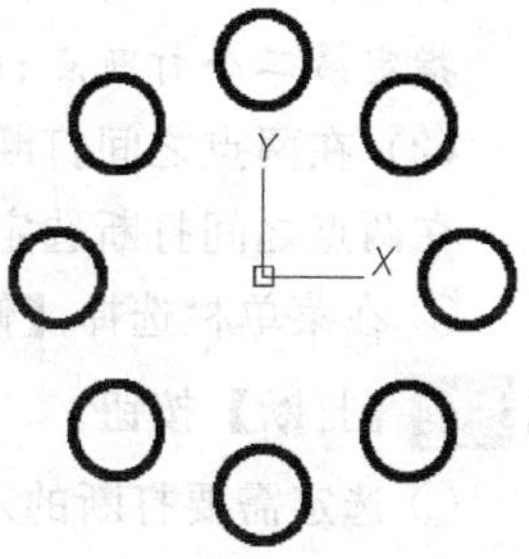

图 3-26　创建完成的矩形阵列

图 3-27　绘制圆

图 3-28　创建环形阵列

3.6　断开与合并图形对象

可将一个闭合图形对象打断成为开放的图形对象，也可将一个单独对象打断成两个对象；也可将多个有效对象合并为一个对象。

3.6.1 断开图形对象

选择【修改】菜单→【打断】命令，可打断大多数集合图形对象（不包括块、标注、面域、多线），打断的点之间可有间隙。断开图形对象的方法有两种：在一点处打断选定的对象、在两点之间打断选定的对象。

（1）在一点处打断选定的对象

在一点处打断选定的对象操作如下。

① 选择菜单【修改】→【打断】命令。

② 选择对象。

③ 当前命令行输入 F 并按 Enter 键，再指定第一个断点。

④ 命令行将提示"指定第二个打断点"，此时再输入"@0，0"，并按 Enter 键。

整个过程如下。

命令：_break↙

选择对象：

指定第二个打断点 或[第一点(F)]:F

指定第一个打断点：

指定第二个打断点:@ 0,0

另外，在功能区【默认】选项卡【修改】面板提供了专门的【打断于点】按钮![img]，可在一点打断选定的对象，有效对象有直线、圆弧和开放的多段线。操作如下。

① 单击【打断于点】按钮![img]。

② 选择将要打断的对象。

③ 指定打断点。

整个过程如下。

命令：_break↙

选择对象：

指定第二个打断点 或[第一点(F)]:_F

指定第一个打断点：

指定第二个打断点:@

（2）在两点之间打断选定的对象

在两点之间打断选定的对象操作如下。

① 在菜单栏选择【修改】→【打断】命令，或在功能区【默认】选项卡【修改】面板单击![img]【打断】按钮。

② 选定需要打断的对象。默认状态下，选择对象时单击点作为

第一的打断点。如需要重新选择第一个打断点，需在当前命令行输入 F 并按 Enter 键，或用鼠标在命令选项选择"第一点（F）"，然后重新指定第一个打断点。

③ 指定第二个打断点。

操作示例：在两点之间打断选定的对象。

选择菜单【修改】→【打断】命令，或在功能区【默认】选项卡【修改】面板中单击

【打断】按钮。命令行提示如下操作。

命令:_break↙

选择对象:

指定第二个打断点 或[第一点(F)]:

打断的过程和结果如图 3-29 所示。

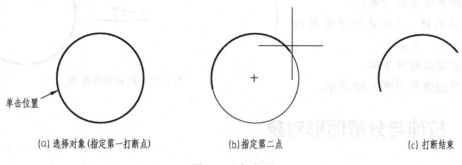

(a)选择对象(指定第一打断点)　　　　(b)指定第二点　　　　(c)打断结束

图 3-29　打断图

3.6.2　合并图形对象

用【合并】功能可通过相似图形的端点使其合并为单个图形,可合并的图形包括直线、多段线、样条曲线、圆弧、椭圆弧,可合并成线性和弯曲图形的端点,便于创建单个图形。

合并对象操作步骤如下。

① 选择菜单【修改】→【合并】命令,或在功能区【默认】选项卡【修改】面板中单击【合并】按钮 ── ──。

② 选择需要合并的源图形对象。

③ 选择需要合并到源图形对象的一个或者多个对象。

例如,将如图 3-30 所示的两段同半径且同心圆弧合并起来,先选择【修改】→【合并】命令,或单击【合并】按钮 ── ──,然后根据命令提示进行以下操作。

命令:_join↙

选择源对象或要一次合并的多个对象:找到 1 个

选择要合并的对象:↙

选择圆弧,以合并到源或进行[闭合(L)]:

选择要合并到源的圆弧:找到 1 个↙

已将 1 个圆弧合并到源

合并的效果如图 3-31 所示。

图 3-30　两段圆弧

图 3-31　合并效果

用【合并】功能还可使已经存在的一段圆弧或椭圆弧成为一个完整的圆或椭圆。选择菜单【修改】→【合并】命令，或单击【合并】按钮 ▬ ▬，再根据命令行提示操作。

命令：_join↙

选择源对象或要一次合并的多

个对象：找到 1 个

选择要合并的对象：↙

选择圆弧，以合并到源或进行

［闭合(L)］： L↙

已将圆弧转换为圆。

合并的效果如图 3-32 所示。

转换为圆

图 3-32　圆弧转换成圆

3.7　拉伸与分解图形对象

3.7.1　拉伸图形对象

拉伸指移动和拉伸、压缩图形。用 STRETCH 命令（菜单命令为【修改】→【拉伸】，对应的按钮为【拉伸】 ） 可重定位穿过或者交叉选择窗口内对象端点，主要功能体现为两点。

① 拉伸交叉窗口部分包围的对象。

② 移动完全包含于交叉窗口的对象或单独选的对象。

先对拉伸对象指定一个基点，再指定位移点。拉伸对象示例如图 3-33 所示。

拉伸图形对象步骤如下。

① 在菜单栏选择【修改】→【拉伸】命令，或在功能区【默认】选项卡【修改】面板中单击【拉伸】按钮 。

② 用【交叉窗口选择】选择对象，在交叉窗口必须至少包含一个顶点或者端点。

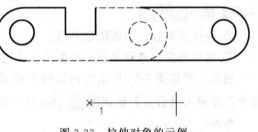

1

图 3-33　拉伸对象的示例

【拉伸】按钮 只在交叉窗口选择内的顶点和端点移动，位于交叉窗口选择外的顶点和端点不改变，也不会修改多段线宽、三维实体、曲线拟合或切线的信息。

③ 由命令提示行及实际设计执行如下操作。

· 指定拉伸基点，再指定第二点，以确定距离和方向。

· 以相对极坐标、柱坐标、球坐标或笛卡儿坐标的形式输入位移。由于该相对坐标是假设的，输入时可不包含 "@" 符号。提示输入第二位移点时，直接按 Enter 键，第一点被视为 X、Y、Z 位移。

3.7.2　分解图形对象

用【分解】功能可将块、多段线、剖面线、矩形、正多边形等复合图形分解为若干个单独的几何图形。

分解图形对象的操作步骤如下。

① 选择菜单【修改】→【分解】命令，或在功能区【默认】选项卡【修改】面板中单击【分解】按钮 ⬚。

② 选择需要分解的对象。

③ 按 Enter 键结束。

同 步 练 习

根据图形尺寸，用图元和编辑命令绘制图 3-34～图 3-43。

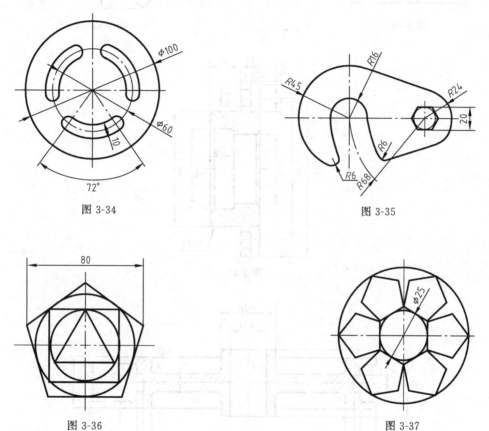

图 3-34

图 3-35

图 3-36

图 3-37

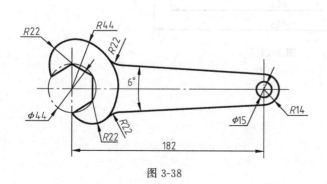

图 3-38

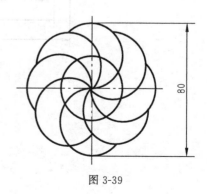

图 3-39

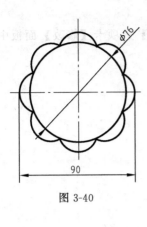

图 3-40

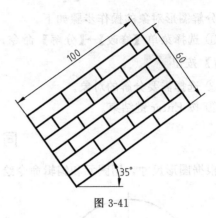

图 3-41

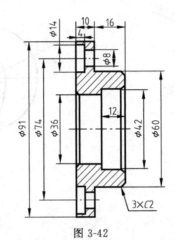

图 3-42

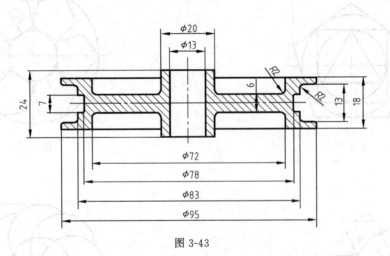

图 3-43

第4章
文字及尺寸标注

在一张完整的工程图样上，一般少不了一些必要的文字和尺寸标注。文字及尺寸标注可以使图样本身不容易表达的内容和图形变得容易理解和准确。本章重点讲解文字样式的设置、尺寸样式的设置、线性尺寸的标注、弧长标注、角度标注、连续及基线尺寸标注、形位公差的标注以及引线标注等内容。

4.1 文字样式设置及应用

文字样式的设置包含了字体、字高、倾斜角度、方向和其他特征的设置。

4.1.1 文字样式的设置

（1）创建文字样式

启用"文字样式"的命令有三种方法。

① 选择菜单【格式】→【文字样式】命令。

② 单击【样式】工具栏上的【文字样式】按钮。

③ 输入命令：style 后↙。

弹出【文字样式】对话框，如图 4-1 所示。

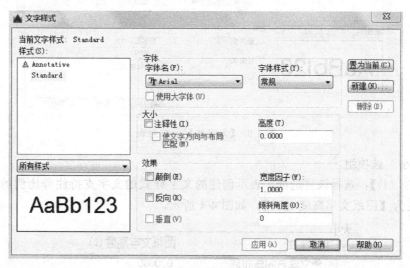

图 4-1 【文字样式】对话框

"文字样式"对话框中各主要组成如下：

①"按钮"选项组 在"文字样式"对话框右侧和下侧有几个按钮，用来进行对文字样式最基本的操作。

【置为当前】：将在"样式"列表中选择的样式设置成当前文字样式。

【新建】：创建新的文字样式。单击此按钮，弹出【新建文字样式】对话框，如图 4-2 所示。输入所需要的样式名，单击【确定】，返回到【文字样式】对话框，对新建的文字样式进行设置。

【删除】：用来删除"样式"列表里选择的文字样式。但是不能删除已经用于图形中文字的文字样式以及当前文字样式。

图 4-2 【新建文字样式】对话框

【应用】：修改了文字样式的参数后，此按钮成为有效的。单击此按钮，可以使设置生效，并且把所选择的文字样式设置成当前文字样式，这时【取消】按钮会变成【关闭】按钮。

②"字体"选项组 该选项组用来更张文字的大小和类型。

【字体名（F）】：该选项用来选择字体的名称。只有在字体名中选择扩展名为".shx"的字体，才能使用大字体。

【字体样式（Y）】：该选项用来选择字体格式。比如常规、斜体、粗体等。

【使用大字体（U）】：选择使用大字体复选框，在【大字体（B）】下拉列表中选择"gbcbig.shx"字体，用来标注符合国家标准制图的中文字体，如图 4-3 所示。取消大字体复选框，字体名下拉列表可以选择所需要的各种字体。

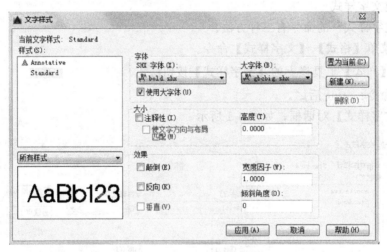

图 4-3 【大字体】下拉列表

③"大小"选项组

【注释性（I）】：选择该复选框，表示创建的文字样式的文字支持注释比例的使用，【高度（T）】变为【图纸文字高度（T）】，如图 4-4 所示。

图 4-4 【注释性】复选框

【高度】：设置文字样式的默认高度，缺省值为 0，表示不对字体高度进行设置。

④"效果"选项组 该选项组用来设置文字样式的效果特性。

【颠倒（E）】：上下颠倒显示字符。

【反向（K）】：左右反向显示字符。

【垂直（V）】：垂直排列显示字符，只有选择". shx"字体时才可以使用该选项。

【宽度因子（W）】：用来控制字符的宽度，一般按默认值 1。

【倾斜角度（O）】：用来控制字符的倾斜角度，一般按默认值 0。

⑤"预览"显示区 动态显示修改后的字体的效果，如图 4-5 所示。

图 4-5 【预览】显示

（2）设置当前文字样式

① 使用【文字样式】对话框 打开【文字样式】对话框，在【样式（S）】列表中选择一种文字样式，单击【置为当前】，然后单击【关闭（C）】按钮，如图 4-6 所示。

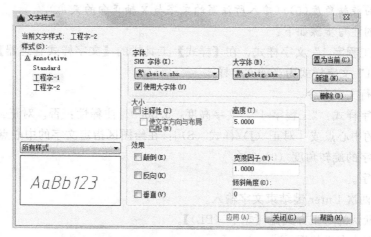

图 4-6 使用【文字样式】对话框选择文字样式

② 使用【样式】工具栏 在工具栏的【文字样式管理器】下拉列表中选择一种文字样式即可，如图 4-7 所示。

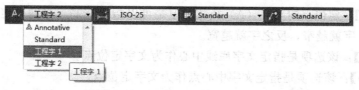

图 4-7 使用【样式】工具栏

③ 修改文字样式 单击【文字样式管理器】按钮 ![A], 在【样式（S）】列表中选择一种文字样式，然后修改相应的参数，单击【应用（A）】按钮完成修改。

4.1.2 注写单行文字

可以通过图形中的文字来表达各种信息。它可以是标题块信息、规格说明或图形的组成部分，也可以是最简单的文本信息。AutoCAD 提供了注写文字的两种方式，文字较少时，可以使用单行文字；文字较多时，可以使用多行文字。单行文字通过"Text"或"Dtext"命令创建，可以标注一行或几行文字，而每行文字都是一个独立的对象，可以对它格式调整、重新定位或进行其他修改。

输入命令的方式有两种：

① 选择菜单【绘图】→【文字】→【单行文字】命令。

② 命令行输入 Text 或 Dtext。

命令行提示：

命令:TEXT↙

当前文字样式:"工程字-1"文字高度:5.0000　注释性:否　对正:左

指定文字的中心点或[对正(J)/样式(S)]:j↙

输入选项[左(L)/居中(C)/右(R)/对齐(A)/中间(M)/布满(F)/左上(TL)/中上(TC)/右上(TR)/左中(ML)/正中(MC)/右中(MR)/左下(BL)/中下(BC)/右下(BR)]:（提示文字的对正方式有 14 种可以选择）

指定文字的旋转角度(0):（输入所注写的文字与 X 轴正向的夹角）

单行文字的注写步骤如下：

① 选择"工程字-1"文字样式，在【样式】工具栏的【文字样式管理器】下拉列表中，设置"工程字-1"文字样式为当前文字样式。

② 输入单行文字命令。

③ 当前文字样式："工程字-1"。文字高度：5.0000。注释性：否。对正：左。

指定文字的中心点或［对正（J）/样式（S）］：在绘图区指定文字的中心点。

④ 指定文字的旋转角度（0）：↙。

⑤ 输入文字。

⑥ 连续按两次 Enter 键结束文字输入。

注写文字默认的对正方式是【左下（BL）】。

各种定位方式含义如下。

【对齐（A）】：该选项是指定文字底线两端点为文字的定位点。这种定位方式根据输入文字的多少来自动计算文字的宽度与高度。也就是说两个对齐点的位置不变，输入的字数越多，字就越小。

【布满（F）】：定位点同对齐（A）模式，但是可以指定字高，当两个定位点确定之后，输入的字越多，字就越窄，反之字就越宽。

【居中（C）】：该选项是指定文字底线中心作为文字定位点。

【中间（M）】：该选项是指定文字中心点作为文字定位点。

【样式（S）】：该选项用来进行文字样式的选择。

4.1.3　注写多行文字

如果要注写的文字内容比较多、比较复杂时，可以使用"Mtext"命令标注多行文字。多行文字由任意数目的文字行或段落组成，一段文字构成一个对象，可以对它进行移动、删除、旋转、镜像等操作。

调用"多行文字"的命令有 3 种。

① 选择菜单【绘图】→【文字】→【多行文字】命令。

② 单击【绘图】工具样中的【多行文字】按钮 **A**。

② 命令行输入 Mtext。

单击鼠标左键指定一个文字注写的区域后，出现多行文字【文字格式】对话框，如图 4-8 所示。

图 4-8　【文字格式】对话框

命令行提示：

命令:MTEXT↙

当前文字样式:"工程字-1"文字高度:5.0000　注释性:否

指定第一角点：

指定对角点或[高度(H)/对正(J)/行距(L)/旋转(R)/样式(S)/宽度(W)/栏(C)]:

注写多行文字的步骤如下：

① 输入多行文字的命令。

② 指定第一角点：在绘图区域指定第一角点。

③ 指定对角点或[高度(H)/对正(J)/行距 (L)/旋转(R)/样式(S)/宽度(W)/栏(C)]:在绘 图区域向下方拖动鼠标绘制出一个矩形框，如图 4-9 所示。矩形框用来指定多行文字的输入位置 与大小，箭头指示文字书写方向。

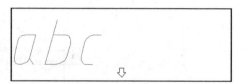

图 4-9　拖动鼠标过程

④ 弹出"文字显示区"和【文字格式】对话 框两部分。"文字显示区"主要用来输入和编辑文字。【文字格式】对话框可以设置文字样 式、编辑文本和插入特殊符号等。

⑤ 输入文字，如图 4-10 所示。

⑥ 单击【确定】按钮，完成多行文字注写。

图 4-10　注写多行文字

各选项含义如下。

【高度（H）】：用来指定文字的高度。

【对正（J）】：用来确定文字的对齐方式。

【行距（L）】：用来确定文字的行距。

【旋转（R）】：用来确定文字的倾斜角度。

【样式（S）】：用来确定当前文字的样式。

【宽度（W）】：用来确定多行文字的宽度。

【栏（C）】：用来指定栏选项。

在绘制工程图样时，有时需要一些特殊字符。如角度符号"°"，正负符号"±"，直径符号"φ"等。

输入特殊符号的方式有 3 种。

① 输入两个百分号（％％）加一个字符。比如角度符号"°"输入"％％D"，正负符号"±"输入"％％D"，直径符号"φ"输入"％％C"等。

② 单击【文字格式】对话框中的按钮 @▾，打开符号列表，如图 4-11 所示。单击所需要的特殊符号，将其输入到"文字显示区"。

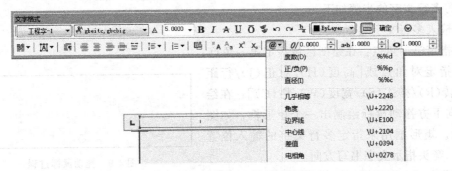

图 4-11　【文字格式】对话框的符号列表

③ 在"文字显示区"单击鼠标右键，选择符号，如图 4-12 所示，显示符号列表。单击所需要的特殊符号，将其输入到"文字显示区"。

在绘制工程图样时，除了需要一些特殊字符，有时还需要一些公差、分数、上下标等。可单击【文字格式】对话框的【字符堆叠】按钮 ᵇₐ 创建。

字符堆叠控制码有 3 种。

①"＃"：比值形式的堆叠。例如输入"H8＃f7"，然后将"H8＃f7"选中，单击【字符堆叠】按钮 ᵇₐ，效果如图 4-13（a）所示。

②"^"：上下排列形式的堆叠。例如输入"＋021^－0.01"，然后将"＋021^－0.01"选中，单击【字符堆叠】按钮 ᵇₐ；输入"B3^"，

图 4-12　符号列表

然后将"B3~"选中,单击【字符堆叠】按钮 ,效果如图 4-13(a)所示。

③"/":分数形式的堆叠。例如输入"H8/f7",然后将"H8/f7"选中,单击【字符堆叠】按钮 ,效果如图 4-13(a)所示。

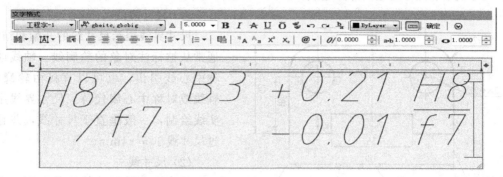

图 4-13(a) 上下标、公差、分数等特殊字符形式

公差和特殊字符输入步骤:

① 输入多行文字命令,在绘图区域指定第一角点,向下方拖动鼠标绘制出一个矩形框,弹出"文字显示区"和【文字格式】对话框。

② 输入"％％C40H8~f7",如图 4-13(b)所示。

③ 选中"H8~f7",单击【字符堆叠】按钮 ,如图 4-13(c)所示。

④ 单击【确定】按钮,完成多行文字的输入。

图 4-13(b) 输入文字

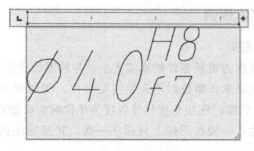

图 4-13(c) 字符堆叠

4.2 尺寸标注基础知识

尺寸标注是绘制机械工程图样过程中十分重要的内容,它决定着各部分之间的相互位置关系和图形的真实大小。尺寸标注的正确性和合理性决定了图纸的质量。

4.2.1　尺寸的组成

尽管尺寸标注在外观和类型上多种多样，但一个完整的尺寸标注都由尺寸界线、尺寸线、尺寸数字和尺寸终端四部分组成，如图 4-14 所示。

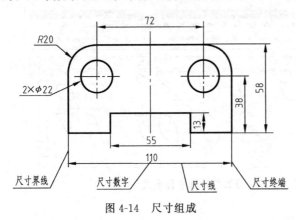

图 4-14　尺寸组成

（1）尺寸界线

尺寸界线表示尺寸线的开始和结束。通常从被标注对象的轮廓线、轴线或对称中心线引出，也可以直接由轮廓线、轴线或对称中心线代替。尺寸界线用细实线绘制，一般垂直于尺寸线，并且超过尺寸线 1.5～4mm。

（2）尺寸线

尺寸线表示尺寸标注的范围，用细实线绘制，必须与被标注的对象平行，尽量避免尺寸线与其他尺寸线或者尺寸界线相交。尺寸线不能用其他图线来代替，通常也不能与其他图线重合或者位于延长线上。对于角度标注，尺寸线可以是一段圆弧。

（3）尺寸数字

尺寸数字用来表示实际测量值。可以直接使用系统自动计算出来的值，也可以自定义文字或完全不用文字。如果使用系统生成的文字，可以附加"前缀、后缀、加/减公差"。

（4）尺寸终端

尺寸终端在尺寸线的两端，用来标记尺寸标注的起始和终止位置。系统提供了多种形式的终端，包括箭头、建筑标记、小斜线箭头、斜杠标记和点。也可以根据需要创建新的箭头形式。

在系统中，一般将尺寸的各个组成部分作成块处理，所以，在绘图过程中，一个尺寸标注就是一个对象。

4.2.2　尺寸标注的基本规则

（1）尺寸标注的基本规则

① 所标注的尺寸数值作为机械零件的真实大小，与绘图的比例和绘图的准确度无关。

② 一般情况下，采用毫米作单位时不需要注写单位，例如 R10、56 等；而采用其他单位时必须注写尺寸所用的单位，例如角度尺寸以度为单位时，必须在尺寸后面加上"°"。

③ 零件的每一个尺寸，一般在图样上只标注一次，并且标注在反映结构特征最明显的视图上。

④ 图样上所标注的尺寸是零件的最后完工尺寸。

⑤ 在不影响看图的前提下，尽量进行简化标注。

（2）AutoCAD 中尺寸标注其他规则

① 建立专用的图层用于尺寸标注。专用的图层，可以控制尺寸的隐藏和显示，方便对尺寸进行浏览、修改。

② 对照国家标准，设定好字高、字宽等，建立专用的文字样式作为尺寸文本。

③ 设置好尺寸标注样式。根据国家标准，建立尺寸标注的样式，包括文字样式、单位、尺寸精度、直线和终端等。

④ 采用 1:1 的绘图比例。绘图时不需要换算，系统可以自动测量尺寸大小，标注尺寸时就不需要再输入尺寸大小。如果需要修改绘图比例，可以修改尺寸标注的全局比例因子。

⑤ 充分利用对象捕捉功能便于准确地进行尺寸标注。为了便于修改，可把尺寸标注设定成关联的。

⑥ 进行尺寸标注时，可以将不必要的图层关闭，例如剖面线图层等，这样可以减少其他图线的干扰。

4.3　尺寸标注样式设置

4.3.1　标注样式管理器

系统默认的尺寸标注样式是"Standard"，用户可以根据需要自己建立一个新的尺寸标注样式。

(1) 启用【标注样式管理器】

启用【标注样式】命令有 3 种方式。

① 选择菜单【格式】→【标注样式】命令。

② 单击【样式】工具栏中的【标注样式管理器】按钮。

③ 输入命令 dimstyle✓。

启用【标注样式】命令后，系统弹出如图 4-15 所示【标注样式管理器】对话框。【标注样式管理器】对话框各选项功能如下：

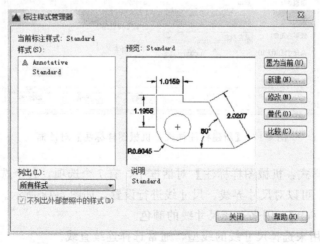

图 4-15　【标注样式管理器】对话框

【样式 (S)】：显示出当前图形文件中已有的所有尺寸标注样式。

【预览】：显示设置各种特征参数的当前尺寸标注样式的效果图。

【列出 (L)】：用来控制当前图形文件是否显示全部的尺寸标注样式。

【置为当前 (U)】：用来设置当前尺寸标注样式。对原有样式修改后或选择一种新建立的样式，都要置为当前才有效。

【新建（N）】：用来创建新的尺寸标注样式（图 4-16）。

【修改（M）】：用来修改现有的尺寸标注样式的某些参数。

【替代（O）】：用来创建临时的尺寸标注样式。例如标注公差，可以设置一个临时公差样式，在此基础上"替代"标注其他公差。使用原有的尺寸标注样式标注其他尺寸时，临时标注样式不会影响其他尺寸的标注效果。

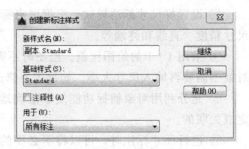

图 4-16 【创建新标注样式】对话框

【比较（C）】：用来比较不同的尺寸标注样式中的不同参数，并用列表的方式显示出来。

（2）标注样式内容

下面以新建一个标注样式为例，了解标注样式的具体内容。单击【标注样式管理器】对话框中的【新建（N）】按钮，弹出【创建新标注样式】对话框。输入【新样式名（N）】机械图样标注，单击【继续】，弹出【新建标注样式：机械图样标注】对话框，如图 4-17 所示。

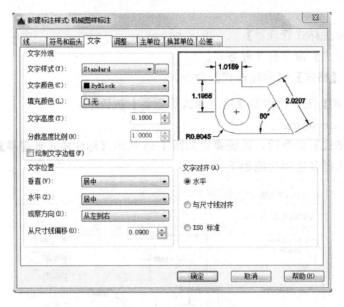

图 4-17 【新建标注样式：机械图样标注】对话框

在【新建标注样式：机械图样标注】对话框中，有 7 个选项，各个选项的含义如下：

①【线】选项，可以对尺寸界线、尺寸线进行设置，如图 4-18 所示。

尺寸线【颜色（C）】：用来选择尺寸线的颜色。

【线型（L）】：用来选择尺寸线的线型，通常选择连续直线。

【线宽（G）】：用来指定尺寸的宽度，建议选择 0.13。

【超出标记（N）】：用来设置尺寸界线超出尺寸线的距离。

【基线间距（A）】：用来设置平行尺寸线之间的距离。

【隐藏】：有"尺寸线 1（M）""尺寸线 2（D）"两个复选框，用来控制尺寸线两端的可见性。

尺寸界线【颜色（R）】：用来选择尺寸界线的颜色。

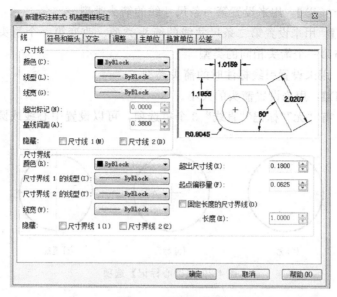

图 4-18 【线】选项

【尺寸界线 1 的线型（I）】：用来指定第一条尺寸界线的线型，一般设置为连续线型。

【尺寸界线 2 的线型（T）】：用来指定第二条尺寸界线的线型，一般设置为连续线型。

【线宽（W）】：用来设置尺寸界线的宽度，一般选择 0.13。

【隐藏】：有"尺寸界线 1（1）""尺寸界线 2（2）"两个复选框，用来控制两条尺寸界线的可见性。

【超出尺寸线（X）】：用来设置尺寸界线超出尺寸线的量。通常设置为 2～3mm。

【起点偏移量（F）】：用来设置图形中定义标注的点到尺寸界线的偏移的量。便于区分尺寸标注和被标注的对象。

②【符号和箭头】选项，可以对箭头、弧长符号、圆心标记和折弯标注等进行设置，如图 4-19 所示。

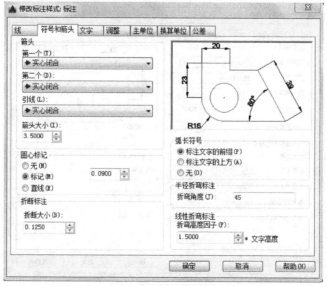

图 4-19 【符号和箭头】选项

箭头【第一个（T）】：用来设置第一条尺寸线的箭头类型。

【第二个（D）】：用来设置第二条尺寸线的箭头类型。改变第一个箭头类型，第二个箭头会自动改变成与第一个箭头相同的类型。

【引线（L）】：用来设置引线标注时的箭头类型。

【箭头大小（I）】：用来设置箭头的大小。

【圆心标记】：有"无""标记""直线"3个单选项，可以设置中心线或圆心标记，效果如图 4-20 所示。

(a) 无　　　　　　(b) 标记　　　　　　(c) 直线

图 4-20 【圆心标记】选项

【大小】：用来设置中心线或圆心标记的大小。

【弧长符号】：有"标注文字的前缀""标注文字的上方""无"3个单选项，用来设置弧长符号的位置，效果如图 4-21 所示。

(a) 标注文字的前缀　　　　　　(b) 标注文字的上方　　　　　　(c) 无

图 4-21 【弧长符号】选项

【半径折弯标注】：用来控制半径标注的尺寸界线和尺寸线的横向直线的角度值。

③【文字】选项，可以设置标注文字的位置和外观，如图 4-22 所示：

图 4-22 【文字】选项

【文字样式（Y)】：用来选择标注时文字所用的样式。单击右侧 ... 按钮，弹出【文字样式】对话框，可以创建新的文字样式。

【文字颜色（C)】：用来设置标注时文字的颜色。

【填充颜色（L)】：用来设置标注时文字背景的颜色。

【文字高度（T)】：用来设置标注时文字样式的高度。

【分数高度比例（H)】：用来设置分数或其他字符的比例。

【绘制文字边框（F)】：用来给标注的文字添加一个矩形框，如图 4-23 所示。

图 4-23　【绘制文字边框】图例

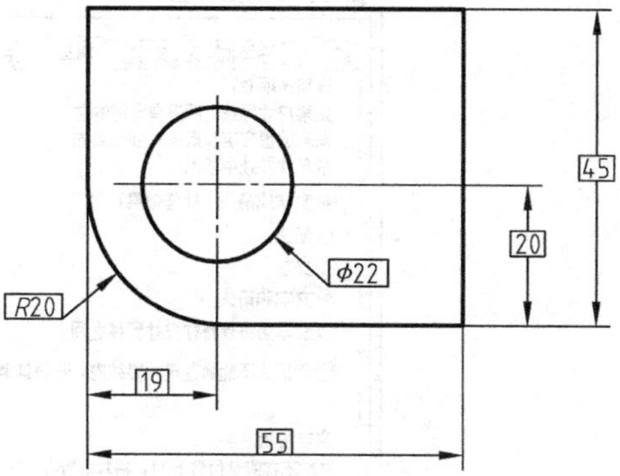

文字位置【垂直（V)】：包括“居中”“上方”“外部”“JIS”“下”5 个选项，用来设置标注的文字相对尺寸线的垂直位置，如图 4-24 所示。

(a) 上方　(b) 居中　(c) 外部

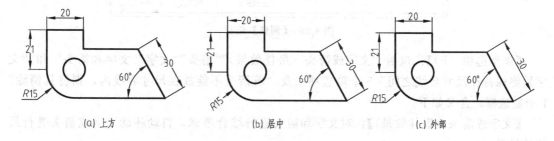

图 4-24　【垂直】选项

【水平（Z)】：包括“居中”“第一条尺寸界线”“第二条尺寸界线”“第一条尺寸界线上方”“第二条尺寸界线上方”共 5 选项，用来设置标注的文字相对于尺寸界线和尺寸线的水平位置。

【观察方向（D)】：用来设置看图时的方向。包括“从左往右”和“从右往左”2 个选项。

【从尺寸线偏移（O)】：用来设置文字与尺寸线之间的距离。

【文字对齐（A)】：包括“水平”“与尺寸线对齐”和“ISO 标准”3 个单选项，如图 4-25 所示。

(a) 水平　(b) 与尺寸线对齐　(c) ISO标准

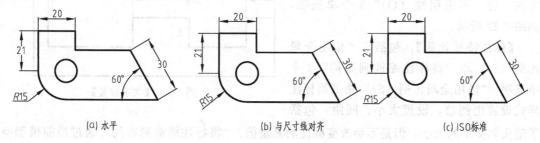

图 4-25　【文字对齐】选项

④【调整】选项，可以设置箭头、标注文字、尺寸边界线之间的位置关系，如图 4-26 所示。

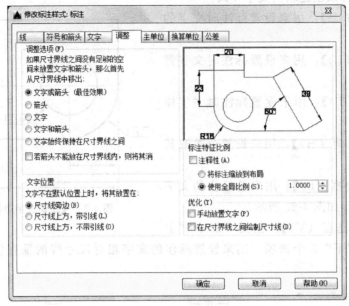

图 4-26 【调整】选项

【调整选项（F）】：包括"文字或箭头（最佳效果）""箭头""文字""文字和箭头"和"文字始终保持在尺寸界线之间"5 个单选项以及"若箭头不能放在尺寸界线内，则将其消除"1 个复选框，含义如下：

【文字或箭头（最佳效果）】：对文字和箭头进行综合考虑，自动移动文字或箭头进行最佳效果显示。

【箭头】：尽量将箭头放在尺寸界线内。否则，文字和箭头都放在尺寸界线外。

【文字】：尽量将文字放在尺寸界线内。否则，文字和箭头都放在尺寸界线外。

【文字和箭头】：尺寸界线之间的距离不能同时放下文字和箭头时，文字和箭头都放在尺寸界线外。

【文字始终保持在尺寸界线之间】：始终将文字放在尺寸界线之间。

【若箭头不能放在尺寸界线内，则将其消除】：复选框，如果尺寸界线之间的距离不能放下箭头，则隐藏箭头。

【文字位置】：包括了"尺寸线旁边（B）""尺寸线上方，带引线（L）"和"尺寸线上方，不带引线（O）"3 个单选项，如图 4-27 所示。

【标注特征比例】：包括了"使用全局比例（S）"和"将标注缩放到布局"2 个单选项。"使用全局比例（S）"用来给标注样式设置比例值，设置大小、间距，包括

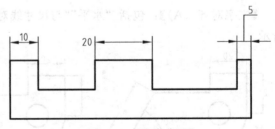

图 4-27 【文字位置】

了箭头和文字的大小，但是不会改变标注的测量值。"将标注缩放到布局"通过当前模型空间视口和图纸空间的比例确定比例因子。

【优化】：包括了"手动放置文字"和"在尺寸界线之间绘制尺寸线"2 个复选框。"手动放置文字"忽略所有水平设置，把文字放在系统提示下的指定位置。"在尺寸界线之间绘制尺寸线"在测量点之间绘制尺寸线。

⑤【主单位】选项，可以对主标注单位的精度、格式、前缀和后缀进行设置，如图 4-28 所示。

线性标注【单位格式（U）】：用来选择标注类型的当前单位格式，除了角度之外。

【精度（P）】：用来设置标注用文字的小数位数。

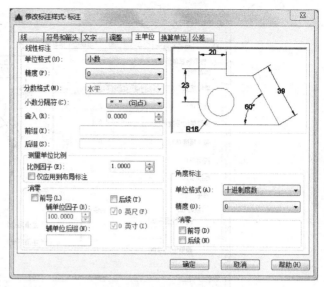

图 4-28 【主单位】选项

【分数格式（M）】：用来设置分数格式。

【小数分隔符（C）】：用来设置小数点的样式。

【舍入（R）】：用来设置测量值的舍入规则，除了角度之外。

【前缀（X）】：用来为标注的文字添加前缀。如图 4-29 所示。

图 4-29 【前缀】图例

【后缀（S）】：用来为标注的文字添加后缀。

测量单位比例【比例因子（E）】：用来设置标注形体的尺寸数字的比例因子。

【仅应用到布局标注】：仅对布局中的尺寸应用比例因子。

消零【前导（L）】：不输出标注中的前导零。如 0.100 变为 .100。

【后续（T）】：不输出标注中的后续零。如 4.700 变为 4.7。

角度标注【单位格式（A）】：用来设置角度的单位格式。

【精度（0）】：用来设置角度标注时小数的位数。

在消零选项中的"前导""后续"复选框，与前面"消零"选项意义相同。

⑥【换算单位】选项，选择"显示换算单位"复选框，可以显示文件标注的测量值中的换算单位，并且可以设置标注的测量值的格式和精度，如图 4-30 所示。

换算单位【单位格式（U）】：用来对换算单位的格式进行设置。

【精度（P）】：用来对换算单位中的小数位数进行设置。

【换算单位倍数（M）】：用来设置主单位和换算单位之间的换算因子。

【舍入精度（R）】：用来设置换算单位的舍入规则，除了角度之外。

【前缀（F）】：用来对换算标注文字设置前缀。

【后缀（X）】：用来对换算标注文字设置后缀。

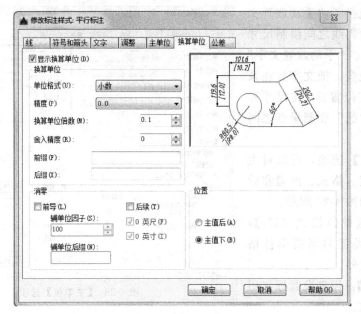

图 4-30 【换算单位】选项

消零【前导（L)】：不输出前导零。

【后续（T)】：不输出后续零。

位置【主值后（A)】：在主单位后面显示换算单位。

【主值下（B)】：在主单位下面显示换算单位。

⑦【公差】选项，可以对标注文字中公差的显示、格式进行设置，如图 4-31 所示。

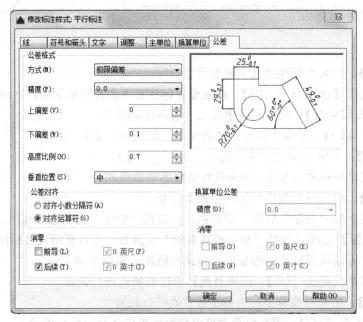

图 4-31 【公差】选项

公差格式【方式（M)】：用来对公差的表现方法和计算方法进行设置。包括"无""对称""极限偏差""极限尺寸"和"基本尺寸"5 个选项。

【精度（P）】：用来对小数位数进行设置。

【上偏差（V）】：用来对上偏差或最大公差进行设置。

【下偏差（W）】：用来对下偏差或最小公差进行设置。

【高度比例（H）】：用来对公差数字的高度进行设置，该高度是由基本尺寸数字的高度与尺寸公差数字的高度的比值来确定的。

【垂直位置（S）】：用来对偏差数字相对于基本尺寸的数字的位置进行设置。包括"上""中"和"下"3 个选项，通常选择"中"。

消零【前导（L）】：不输出前导零。

【后续（T）】：不输出后续零。

4.3.2　设置尺寸标注样式

图形只能表达对象的形状和结构，所以必须标注尺寸来确定对象的真实大小和相互的位置关系。尺寸是图样中的重要内容之一，是制造机件的直接依据。在绘制工程图样时，一般需要标注多种形式的尺寸，所以应该把常用的标注尺寸形式创建成标注样式，在标注尺寸时，根据需要直接选择相应的标注样式，也便于修改以及提高绘图效率。

（1）创建尺寸标注样式

常用的标注样式包括"平行"标注样式、"角度"标注样式、"小尺寸"标注样式、"角度"标注样式和"半标注"标注样式。

方式一："平行"标注样式。

步骤如下：

① 启用【标注样式】命令，弹出【标注样式管理器】对话框，单击【标注样式管理器】对话框中的【新建（N）】按钮，弹出【创建新标注样式】对话框，输入【新样式名（N）】"平行"，单击【继续】按钮，如图 4-32 所示。

② 弹出【新建标注样式：平行】对话框，单击【线】选项，设置【基线间距】为 10，其余参数采用默认值。

图 4-32　【创建新标注样式】对话框

③ 单击【符号和箭头】选项，设置【箭头大小】为 3，其余参数采用默认值。

④ 单击【文字】选项，选择【文字样式】为"工程字－1"，其余参数采用默认值。

⑤ 单击【主单位】选项，选择【小数分隔符】为"."（句点），其余参数采用默认值。

⑥ 单击【公差】选项，选择【垂直位置】为"中"，其余参数采用默认值。

⑦ 设置完成后，单击【确定】按钮，完成"平行"标注样式的设置，如图 4-33 所示。

方式二："水平"标注样式。

步骤如下：

① 操作步骤同"平行"标注样式，单击【新建（N）】按钮，弹出【创建新标注样式】对话框，输入【新样式名（N）】"水平"，【基础样式】选择"平行"，单击【继续】按钮，如图 4-34 所示。

② 弹出【新建标注样式：水平】对话框，单击【文字】选项卡，设置【文字对齐】为

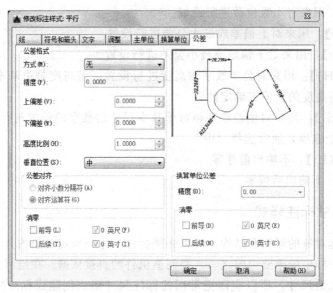

图 4-33 "平行"标注样式设置

水平, 其余参数采用默认值, 单击【确定】按钮,
完成"水平"标注样式的设置, 如图4-35所示。

方式三: "角度"标注样式。

步骤如下:

操作步骤同"水平"标注样式, 单击【新建
(N)】按钮, 弹出【创建新标注样式】对话框, 输
入【新样式名 (N)】"角度", 【基础样式】选择
"水平", 单击【继续】按钮。修改【文字】选项
卡中【文字位置】的【垂直】为"居中", 其余采

图 4-34 【创建新标注样式】对话框

用默认值。单击【确定】按钮, 完成"角度"标注样式的设置, 如图 4-36 所示。

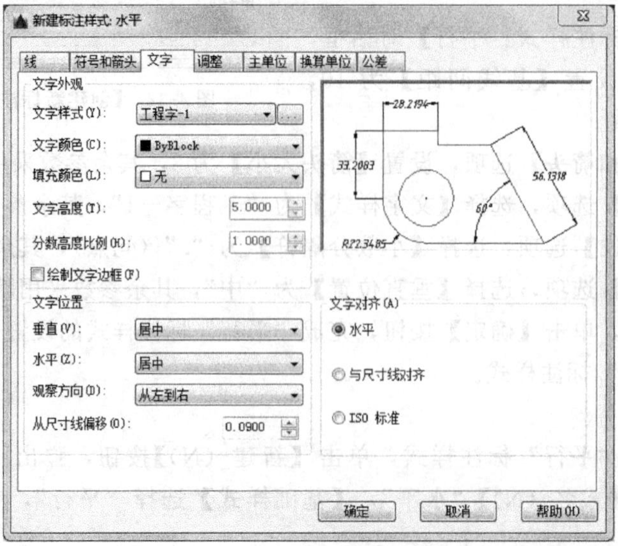

图 4-35 "水平"标注样式设置

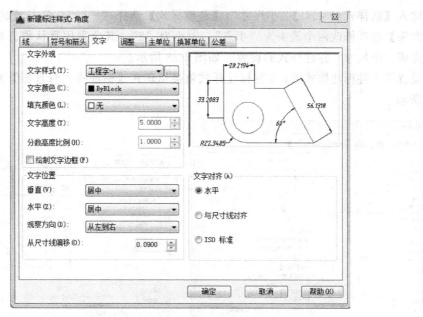

图 4-36 "角度"标注样式设置

方式四："半标注"标注样式。

步骤如下：

操作步骤同"平行"标注样式，单击【新建（N）】按钮，弹出【创建新标注样式】对话框，输入【新样式名（N）】"半标注"，【基础样式】选择"平行"，单击【继续】按钮。【线】选项卡中选择【隐藏：尺寸线 2 （D）】和【隐藏：尺寸界线 2 （2）】，其余采用默认值。单击【确定】按钮，完成"半标注"标注样式的设置，如图 4-37 所示。

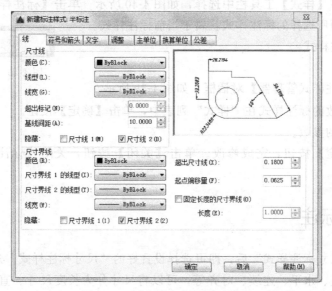

图 4-37 "半标注"标注样式设置

方式五："小尺寸"标注样式。

步骤如下：

操作步骤同"平行"标注样式，单击【新建（N）】按钮，弹出【创建新标注样式】对话框，输入【新样式名（N）】"小尺寸"，【基础样式】选择"平行"，单击【继续】按钮。【符号和箭头】选项修改两个箭头为"小点"，大小为"2"，其余采用默认值。单击【确定】按钮，完成"小尺寸"标注样式的设置，如图 4-38 所示。

设置了 5 种标注样式后，5 种标注样式就会出现在【标注样式管理器】对话框中，如图 4-39 所示。

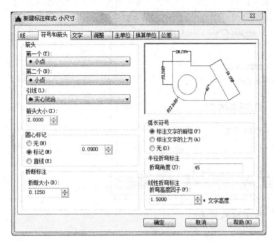

图 4-38 "小尺寸"标注样式设置

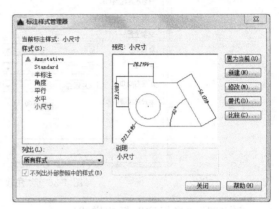

图 4-39 标注样式设置结果

（2）设置当前标注样式

用户可以根据不同的需要创建标注样式，如图 4-39 所示。选择【标注样式管理器】对话框左边样式列表中所需的标注样式，单击【置为当前（U）】按钮，就可将所选样式设置为当前的标注样式。

用户还可以在【样式】工具栏中选择，如图 4-40 所示。单击【标注样式控制】，选择所需的标注样式，而所选择的标注样式就属于当前标注样式。

（3）修改标注样式

步骤如下：

图 4-40 【样式】工具栏

① 启用【标注样式管理器】对话框，如图 4-39 所示。

② 选择要修改的标注样式在"样式"列表中，单击【确定】按钮。

③ 修改所需的参数。

④ 单击【确定】按钮，完成修改。单击【关闭】按钮，关闭【标注样式管理器】对话框。

4.4 尺寸标注

在设置好"尺寸标注样式"后，即可选择设置好的"尺寸标注样式"进行尺寸标注。可以将尺寸分成垂直、水平、连续、对齐等，可以将尺寸分为长度尺寸、直径、半径、圆心标记、坐标等。下面具体介绍不同的标注方法。

4.4.1 线性标注与对齐标注

（1）线性标注

线性标注，通过捕捉两点来标注水平或垂直的线性尺寸，也可以是旋转一定角度的标注。

启用命令的三种方法如下：

① 选择菜单【标注】→【线性】命令。

② 单击【标注】工具栏中的【线性】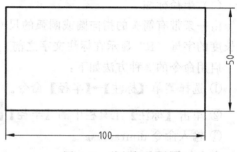按钮。

③ 输入命令 dimlinear✓。

命令行提示如下：

命令:dimlinear✓

指定第一个尺寸界线原点或<选择对象>:

指定第二条尺寸界线原点:

指定尺寸线位置或[多行文字(M)/文字(T)/角度(A)/水平(H)/垂直(V)/旋转(R)]:

标注文字= 50

如图 4-41 所示。

其中的参数介绍如下：

【指定第一条尺寸界线原点】：确定第一条尺寸界线的位置。

【指定第二条尺寸界线原点】：在确定第一条尺寸界线的位置后，确定第二条尺寸界线的位置。

【选择对象】：✓，可以直接选择对象来定义大小。

图 4-41 线性标注图例

【多行文字（M）】：用来打开【文字格式】对话框，重新输入尺寸数字。如图 4-42 所示，标注的数字是系统自动测量所得到的大小。

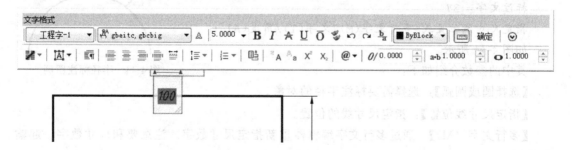

图 4-42 【多行文字】标注尺寸

【文字（T）】：用来指定标注中的尺寸数字。

【角度（A）】：用来指定标注中的尺寸数字的倾斜角度。

【水平（H）】：用来进行水平线性标注。

【垂直（V）】：用来进行垂直线性标注。

【旋转（R）】：用来创建尺寸界线和尺寸线的旋转角度。

（2）对齐标注

对象标注的特点是尺寸线平行于被标注对象，所以通常用于倾斜对象的标注。

启用命令的 3 种方法如下：

① 选择菜单【标注】→【对齐】命令。

② 单击【标注】工具栏中的【对齐】按钮。

③ 输入命令 dimaligned 后，按 Enter 键。

命令行提示如下：

命令:dimaligned↙

指定第一个尺寸界线原点或<选择对象>：

指定第二条尺寸界线原点：

指定尺寸线位置或[多行文字(M)/文字(T)/角度(A)]：

    标注文字= 43

如图 4-43 所示。

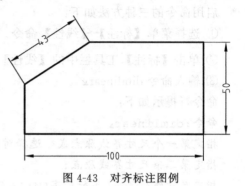

图 4-43　对齐标注图例

4.4.2　半径标注与直径标注

（1）半径标注

由一条带有箭头的指向圆或圆弧的尺寸线组成半径标注，测量半径时，自动生成表示半径长度的字母 "R" 显示在标注文字之前。

启用命令的 3 种方法如下：

① 选择菜单【标注】→【半径】命令。

② 单击【标注】工具栏中的【半径】 按钮。

③ 输入命令 dimradius↙。

命令行提示如下：

命令:dimradius↙

选择圆弧或圆

标注文字= 37

指定尺寸线位置或[多行文字(M)/文字(T)/角度(A)]：

如图 4-44 所示。

其中的参数介绍如下：

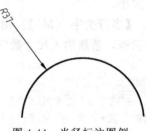

图 4-44　半径标注图例

【选择圆或圆弧】：选择需要标注半径的对象。

【指定尺寸线位置】：指定尺寸线的位置。

【多行文字（M）】：通过多行文字编辑器重新指定尺寸数字。注意要和尺寸数字一起输入 "R"。

【文字（T）】：输入单行文字。注意要和尺寸数字一起输入 "R"。

【角度（A）】：用来定义文字的旋转角度。

（2）直径标注

用来标注圆或圆弧的直径，与半径的标注方法类似。

启用命令的 3 种方法如下：

① 选择菜单【标注】→【直径】命令。

② 单击【标注】工具栏中的【直径】 按钮。

③ 输入命令 dimdiameter↙。

命令行提示如下：

命令:dimdiameter✓

选择圆弧或圆

标注文字= 40

指定尺寸线位置或[多行文字(M)/文字(T)/角度(A)]:

如图 4-45 所示。

其中的参数介绍如下：

【多行文字（M）】：通过多行文字编辑器重新指定尺寸数

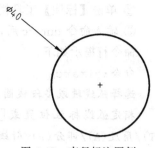

图 4-45　直径标注图例

字。注意要和尺寸数字一起输入"φ"，(％％C)。

【文字（T）】：输入单行文字，注意要和尺寸数字一起输入"φ"，(％％C)。

4.4.3　角度标注与弧长标注

（1）角度标注

角度标注用来标注两条非平行直线间的角度、圆或圆弧的角度、3 点之间的角度。

启用命令的 3 种方法如下：

① 选择菜单【标注】→【角度】命令。

② 单击【标注】工具栏中的【角度】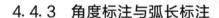按钮。

③ 输入命令 dimangular✓ 。

命令行提示如下：

命令:dimangular✓

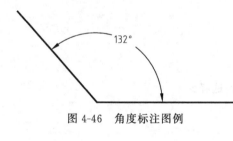

图 4-46　角度标注图例

选择圆弧、圆、直线或<指定顶点>:

选择第二条直线:

指定标注弧线位置或[多行文字（M）/文字(T)/角度(A)/象限点(Q)]:

标注文字＝132

如图 4-46 所示。

其中的参数介绍如下：

【选择圆弧、圆、直线或<指定顶点>】：选择需要标注角度的对象。

【选择第二条直线】：标注角度的对象是两条非平行直线，定义第一条直线后，定义第二条直线的位置。

【指定标注弧线位置】：定义弧线的位置。

【多行文字（M）】：通过多行文字编辑器重新指定尺寸数字。注意要和尺寸数字一起输入"°"，(％％D)。

【文字（T）】：输入单行文字。注意要和尺寸数字一起输入"°"，(％％D)。

【角度（A）】：用来定义文字的旋转角度。

（2）弧长标注

用来标注圆弧或多段线圆弧段的弧长。

启用命令的三种方法如下：

① 选择菜单【标注】→【弧长】命令。

② 单击【标注】工具栏中的【弧长】 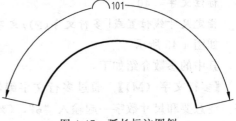 按钮。

③ 输入命令 dimarc 后，按 Enter 键。

命令行提示如下：

命令:dimarc↙

选择弧线段或多段线圆弧段：

指定弧线标注位置或[多行文字(M)/文字

(T)/角度(A)/部分(P)/引线(L)]：

标注文字= 101

如图 4-47 所示。

图 4-47　弧长标注图例

其中的参数介绍如下：

【多行文字（M）】：通过多行文字编辑器重新指定尺寸数字。

【文字（T)】：输入单行文字。

【部分（P)】：用来标注圆弧上任意指定两点的弧长。

4.4.4　基线标注与连续标注

（1）基线标注

用来标注从同一条尺寸界线引出的多个尺寸。

启用命令的 3 种方法如下：

① 选择菜单【标注】→【基线】命令。

② 单击【标注】工具栏中的【基线】 按钮。

③ 输入命令：dimbaseline↙。

命令行提示如下：

命令:dimbaseline↙

选择基准标注：

指定第二条尺寸界线原点或[选择(S)/放弃(U)]< 选择> :

标注文字= 35

如图 4-48 所示。

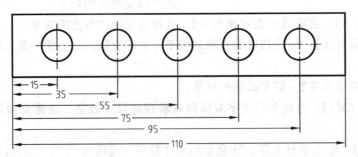

图 4-48　基线标注图例

其中的参数介绍如下：

【选择基线标注】：选择基线标注所需要的基准标注。

【指定第二条尺寸界线原点】：指定第二条尺寸界线的位置。

【选择（S）】：重新指定基线标注基准。

【放弃（U）】：放弃前一个基线尺寸。

注意：

① 所有标注的基线尺寸数值使用测得值，不能进行更改。

② 操作基线命令前，第一个尺寸必须使用线性标注，如图 4-48 中的尺寸 15，其余尺寸再使用基线标注进行标注。

③ 各基线尺寸之间的距离常用 7～10mm。

（2）连续标注

（3）用来标注多个首尾相连的尺寸。

启用命令的三种方法如下：

① 选择菜单【标注】→【连续】命令。

② 单击【标注】工具栏中的【连续】按钮。

③ 输入命令 dimcontinue↙。

命令行提示如下：

命令:dimcontinue↙

选择连续标注：

指定第二条尺寸界线原点或［选择(S)/放弃(U)］< 选择> ：

标注文字= 20

如图 4-49 所示。

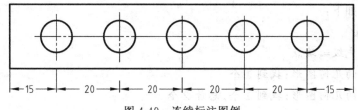

图 4-49　连续标注图例

其中的参数介绍如下：

【选择连续标注】：选择连续标注所需要的基准标注。

【指定第二条尺寸界线原点】：指定第二条尺寸界线的位置。

【选择（S）】：重新指定连续标注基准。

【放弃（U）】：放弃前一个连续尺寸。

注意：

• 所有标注的连续尺寸数值使用测得值，不能进行更改。

• 操作基线命令前，第一个尺寸必须使用线性标注，如图 4-48 中的尺寸 15，其余尺寸再使用连续标注进行标注。

4.4.5　折弯标注与快速标注

（1）折弯标注

用来标注大圆弧的半径等。

启用命令的 3 种方法如下：

① 选择菜单【标注】→【折弯】命令。

② 单击【标注】工具栏中的【折弯】按钮 ⌒。

③ 输入命令 dimjogged 后，按 Enter 键。

命令行提示如下：

命令:dimjogged✓

选择圆弧或圆:

指定图示中心位置:

标注文字= 115

指定尺寸线位置或［多行文字（M）/文字（T）/角度
（A）]:

指定折弯位置:

如图 4-50 所示。

（2）快速标注

系统能自动完成所选对象的标注，包括基线标注、
连续标注、半径标注等。可以一次选择多个对象。

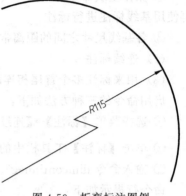

图 4-50　折弯标注图例

启用命令的 3 种方法如下：

① 选择菜单【标注】→【快速标注】命令。

② 单击【标注】工具栏中的【快速标注】 ⊡ 按钮。

③ 输入命令：qdim✓。

命令行提示如下：

命令:qdim✓

关联标注优先级= 端点

选择要标注的几何图形:找到 1 个

选择要标注的几何图形:找到 1 个,总计 2 个

选择要标注的几何图形:找到 1 个,总计 3 个

选择要标注的几何图形:找到 1 个,总计 4 个

选择要标注的几何图形:找到 1 个,总计 5 个

选择要标注的几何图形:找到 1 个,总计 6 个

选择要标注的几何图形:找到 1 个,总计 7 个

选择要标注的几何图形:

指定尺寸线位置或［连续（C）/并列（S）/基线（B）/坐标（O）/半径（R）/直径（D）/基准点
（P）/编辑（E）/设置（T）]< 连续>:

如图 4-51 所示。

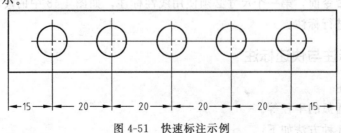

图 4-51　快速标注示例

4.5 编辑尺寸标注

在 AutoCAD 中，可以通过多种方法对尺寸标注进行编辑，包括尺寸文字的位置、尺寸文本的内容 、尺寸界限的位置及箭头显示样式的改变等的编辑。AutoCAD 的编辑尺寸的方法，可以全面修改编辑尺寸，还可以修改选定尺寸的各属性值、快速编辑尺寸标注的位置等。

4.5.1 编辑尺寸文字与尺寸界线角度

需要对多个标注对象进行编辑修改可以通过尺寸界线角度编辑和编辑尺寸文字的命令来进行。主要编辑尺寸界线的倾斜角度和尺寸文字的旋转角度。

启用命令的方式有 2 种。

① 单击【标注】工具栏中的【编辑标注】按钮 。

② 输入命令 dimedit✓。

命令行提示：

命令:dimedit✓

输入标注编辑类型[默认(H)新建(N)旋转(R)倾斜(O)]< 默认> :r

指定标注文字的角度:30

选择对象:找到 1 个

选择对象:

对尺寸文字的旋转角度进行编辑的步骤如下：

① 启用编辑标注命令。

② 输入标注编辑类型：r✓。

③ 指定标注文字的角度：30✓。

④ 选择对象：选取需要编辑的尺寸，单击鼠标右键完成编辑。

如图 4-52 所示，尺寸文字的旋转角度的编辑。

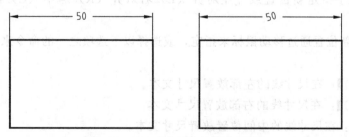

图 4-52　尺寸文字的旋转角度的编辑

对尺寸界线的倾斜角度进行编辑的步骤如下：

① 启用编辑标注命令。

② 输入标注编辑类型：O✓。

③ 选择对象：选取需要编辑的尺寸，单击鼠标右键。

④ 指定倾斜的角度：30✓。

如图 4-53 所示为尺寸界线的倾斜角度的编辑。

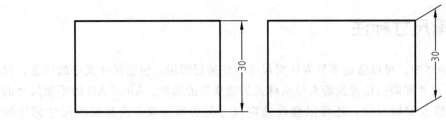

图 4-53　尺寸界线的倾斜角度的编辑

【默认（H）】：放置尺寸文本的位置方向按照默认的方式。

【新建（N）】：对选择的尺寸标注通过文字编辑器进行编辑。

4.5.2　编辑尺寸标注的位置

尺寸文本的位置有时会根据图形的具体情况进行调整，可以使用编辑尺寸标注的命令（dimtedit）来进行精确修改。

启用命令的方式有 3 种。

① 单击【标注】工具栏中的【编辑标注文字】按钮 。

② 选择菜单【标注】→【对齐文字】→【默认（H）】或【角度（A）】或【左（L）】或【居中（C）】或【右（R）】命令。

③ 输入命令：dimtedit✓。

命令行提示：

命令:dimtedit✓

选择标注:

为标注文字指定新位置或[左对齐(L)右对齐(R)居中(C)默认(H)角度(A)]:

编辑尺寸标注的位置步骤如下：

① 启用编辑标注文字的命令。

② 选择标注：（选择要进行编辑的尺寸标注）

③ 为标注文字指定新位置或［左对齐（L）右对齐（R）居中（C）默认（H）角度（A）］：

标注文本的新位置通过移动鼠标来指定，或选择以下选项之一的命令来指定标注文本的位置。

【左对齐（L）】：在尺寸线的左部放置尺寸文本。

【右对齐（R）】：在尺寸线的右部放置尺寸文本。

【居中（C）】：在尺寸线的中间位置放置尺寸文本。

【默认（H）】：按照默认位置放置尺寸文本。

4.5.3　编辑尺寸标注的内容

尺寸文本的内容可以使用编辑尺寸标注内容的命令（ddedit）来进行编辑。

启用命令的方式有 2 种。

① 选择菜单【修改】→【对象】→【文字】→【编辑】命令。

② 输入命令 ddedit✓。

命令行提示：

命令:ddedit↙

　　选择注释对象：选择需要修改的尺寸，然后弹出【多行文字编辑器】，可以编辑尺寸文字的内容。例如可以在尺寸文字后加上下偏差、"H6"等，尺寸文字前加"φ""R"等。修改好尺寸标注的内容后，单击【确定】按钮完成尺寸标注内容的编辑，如图 4-54 所示。

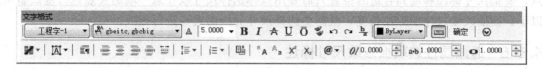

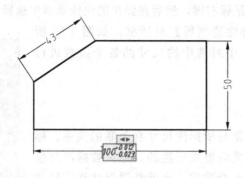

图 4-54　编辑尺寸标注内容

4.5.4　尺寸标注更新

尺寸标注更新的方法如下：

① 选择【标注更新】命令。使所选尺寸从一种标注样式更新到另一种标注样式。

② 在【标注样式管理器】对话框中统一修改尺寸标注样式。

启用命令的方式有 3 种。

① 单击【标注】工具栏中的【标注更新】按钮 ⊟。

② 选择菜单【标注】→【更新】命令。

③ 输入命令 dimstyle↙。

命令行提示：

命令:dimstyle↙

当前标注样式:平行。注释性:否

输入标注样式选项[注释性(AN)/保存(S)/恢复(R)/状态(ST)/变量(V)/应用(A)/?]:_apply

选择对象：

尺寸标注更新的步骤如下：

① 选择作为当前标注样式所需的标注样式。

② 启用标注更新命令。

③ 选择对象：（选择需要更新的尺寸标注，然后单击鼠标右键完成尺寸标注的更新）。

4.5.5 使用夹点调整标注位置

夹点的作用是为了方便地移动尺寸界线、尺寸线和标注文字的位置。选中需要调整的尺寸后，可以通过调整标注文字所在处的夹点来调整标注的位置，也可以通过调整尺寸线两端或尺寸界线夹点来对标注的长度进行调整。在绘图区域内选择尺寸后，就会在尺寸上显示夹点，要把尺寸标注移动到合适的位置只需要用鼠标选择尺寸线任意一端的夹点进行拖放就可以了。而要改变尺寸的标注长度，就需要选择尺寸界线的夹点进行拖放。

4.5.6 通过属性选项板修改尺寸标注

选中标注的尺寸后单击鼠标右键，然后在弹出的快捷菜单中选择【特性】或用鼠标双击选中标注的尺寸，弹出【特性选项板】对话框，如图 4-55 所示。可以在【特性选项板】中对选中的尺寸的各个参数进行修改。

4.5.7 尺寸关联

尺寸关联是指被标注对象与所标注尺寸有关联的关系。标注的尺寸数值如果是按尺寸关联模式标注的，那么被标注对象的大小改变后，标注的尺寸也会改变，也就是说尺寸线、尺寸界线的位置都会改变到相应的新的位置，尺寸数值也会变成新的测量值。

设置关联标注的步骤如下：

① 选择菜单【工具】→【选项】命令。

② 打开【用户系统设置】选项卡。

③ 在【关联标注】选项中选择【使新标注可关联（D）】复选框。

图 4-55 【特性选项板】对话框

这样被标注对象就会与标注的尺寸关联，如图 4-56 所示。

图 4-56 【选项】对话框

4.6 形位公差标注

形位公差包括位置公差和形状公差，它表示零件的形状、轮廓、位置、方向和跳动的允许偏差。对于一般精度的零件，形位公差可以由加工设备的精度和尺寸公差保证；而对于精度要求比较高的零件，则需要在零件图上标注出相应的形位公差。

国家标准规定，在图样中形位公差采用代号标注；无法用代号标注时，允许在技术要求中用文字说明。形位公差代号包括框格、指引线、公差特征项目的符号（表 4-1）、公差数值、表示基准的字母和其他附加符号组成。

表 4-1　形位公差特征项目的符号

分类	特征项目	符号	分类	特征项目	符号
形状公差	直线度	—	位置公差	定向	平行度	//
	平面度	▱			垂直度	⊥
	圆度	○			倾斜度	∠
	圆柱度	⌭		定位	同轴度	◎
	线轮廓度	⌒			对称度	=
	面轮廓度	⌓			位置度	⊕
				跳动	圆跳动	↗
					全跳动	⌰

在 AutoCAD 中，标注形位公差的方法有两种：一种是利用"公差"命令创建各种形位公差；另一种是利用"引线"命令创建各种形位公差。

方法一：利用"公差"命令创建各种形位公差。

启用命令的方式有 3 种。

① 单击【标注】工具栏中的【公差】按钮 ⊕⌐。

② 选择菜单【标注】→【公差】命令。

③ 输入命令 tolerance↙。

弹出【形位公差】的对话框，如图 4-57 所示。

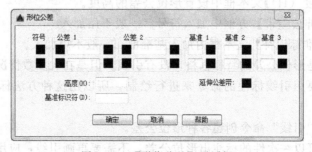

图 4-57　【形位公差】对话框

利用"公差"命令创建形位公差的步骤如下：

① 选择【形位公差】命令，弹出【形位公差】对话框，如图 4-57 所示。

② 单击【形位公差】对话框中的【符号】选项组中的第一个矩形，弹出【特征符号】对话框，如图 4-58 所示。

③ 选择【特征符号】对话框中的一个公差符号。

④ 单击【公差 1】选项组中第一个黑框可以插入直径符号"φ"，再次单击就可以取消直径符号。

⑤ 在【公差 1】选项组中的文字框内，输入第一个公差数值。

⑥ 如果要加入公差包容条件，单击【公差 1】选项组中的第二个黑框，弹出【附加符号】对话框，如图 4-59 所示。选择需要插入的符号。

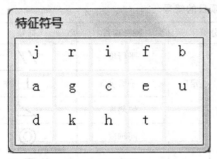

图 4-58 【特征符号】对话框

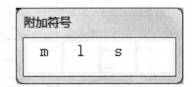

图 4-59 【附加符号】对话框

⑦ 有基准要求的，可以在【基准 1】、【基准 2】、【基准 3】中输入基准字母，并且可以为每个基准加入附加符号，单击基准选项右侧的黑框即可。

⑧ 单击【确定】按钮，形位公差设置完成。光标处出现形位公差框格.

⑨ 在绘图区域中，拖动鼠标放置形位公差，如图 4-60 所示。

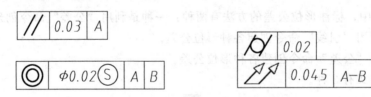

图 4-60 形位公差标注示例

a. 可以根据需要在【公差 1】选项组中输入第二个公差数值，方法与输入第一个公差数值相同。

b. 可以在【高度（H）】文本框中设置形位公差的高度。

c. 可以在【延伸公差带】方框中加入符号。一般不用加入。

d. 可以在【基准标识符】文本框内加入基准值。一般不用加入。

以上创建的只是形位公差的特征框格，没有引线。但是在大多数情况下，形位公差都有引线，箭头和引线要用引线标注的命令来进行绘制，所以用这种方法标注形位公差不是很方便。

方法二：利用"引线"命令创建各种形位公差。

使用引线标注可以一次性的标注出形位公差，不需要再画引线，应用比较方便。

启用命令的方式：

输入命令 leader↙。

命令行提示：

命令：leader✓

指定引线起点：

指定下一点：

指定下一点或[注释(A)格式(F)放弃(U)]<注释>：

指定下一点或[注释(A)格式(F)放弃(U)]<注释>：

输入注释文字的第一行或<选项>：

输入注释选项[公差(T)副本(C)块(B)无(N)多行文字(M)]<多行文字>：T

利用"引线"命令创建形位公差的步骤如下：

① 输入命令：leader✓。

② 指定引线起点：在绘图区域内指定引线的起点。

③ 指定下一点：在绘图区域内指定引线的第二点，可以根据需要指定引线的第三点，重复按 Enter 键直到命令行显示。

④ 输入注释选项［公差（T）副本（C）块（B）无（N）多行文字（M)]<多行文字>：T 弹出【形位公差】对话框，设置所需参数，单击【确定】按钮，如图 4-61 所示。

完成带有箭头和引线的形位公差的标注，如图 4-62 所示。

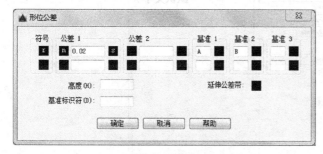

图 4-61　【形位公差】对话框

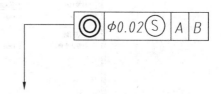

图 4-62　带箭头和引线的形位公差标注示例

4.7　引线标注

4.7.1　多重引线标注样式设置

在机械零件图和装配图中，引线标注一般用于为图形标注形位公差、倒角、零件编号等，在 AutoCAD 中，可以使用多重引线标注的命令创建引线标注。一般情况下在使用多重引线标注前应该首先设置标注样式，需要设置多重引线标注的类型（样条曲线或直线）、引出文字说明的样式、箭头符号和大小（箭头可有或无）等。

（1）【多重引线样式管理器】对话框

启用命令的方式有 3 种。

① 单击【样式】工具栏中的【多重引线样式】按钮 。

② 选择菜单【格式】→【多重引线样式】命令。

③ 输入命令 mleaderstyle✓。

弹出如图 4-63 所示的【多重引线样式管理器】对话框，AutoCAD 提供了"Standard"

作为多重引线的当前标注样式。

【多重引线样式管理器】对话框内各个按钮的作用如下：

【置为当前（U）】：选择一种样式设置为当前多重引线的样式。

【新建（N）】：创建一个新的多重引线样式。

【修改（M）】：修改已有多重引线样式的内容。

（2）【多重引线样式管理器】的内容

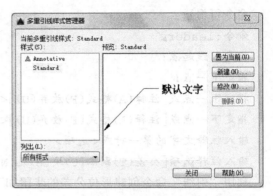

图 4-63 【多重引线样式管理器】对话框

下面用修改 AutoCAD 提供的多重引线样式"Standard"为例，介绍关于多重引线样式的设置内容。单击【多重引线样式管理器】对话框内的【修改（M）】按钮，弹出如图 4-64 所示的【修改多重引线样式】对话框。

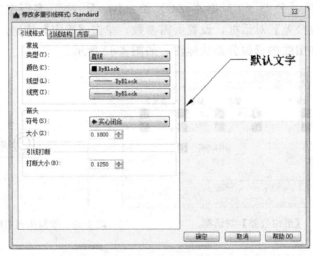

图 4-64 【修改多重引线样式】对话框

在这个对话框中包括【引线格式】、【内容】和【引线结构】3 个选项卡内主要选项内容如下：

【引线格式】选项卡（如图 4-64 所示）：

【类型（T）】：用来设置引线的线的类型，一般情况选择默认"直线"类型。

【符号（S）】：用来设置箭头的类型，一般情况选择"实心闭合""无""小点"等类型。

【大小（Z）】：用来设置箭头的大小。

【引线结构】选项卡（如图 4-65 所示）：

【最大引线点数（M）】：用来设置引线有几段，一般情况选择"2""3"。

【设置基线距离（D）】：用来设置基线的距离值，一般情况选择"2""4"。

【内容】选项卡（如图 4-66 所示）：

【默认文字（D）】：如果要设置新的文字样式，可以单击右侧的按钮，打开【文字样式】对话框来进行设置。

【文字样式（S）】：用来选择"文字样式"，例如选择"工程字－1"。

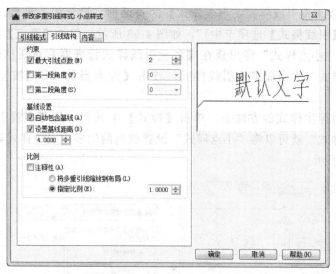

图 4-65 【引线结构】选项卡

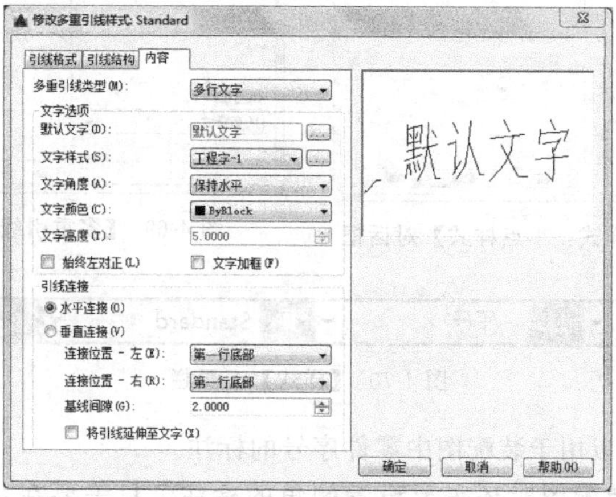

图 4-66 【内容】选项卡

【连接位置-左】：用来设置引线的段数，比如选择"第一行底部"。

【连接位置-右】：用来设置引线的段数，比如选择"第一行底部"。

【基线间距（G）】：用来设置基线的距离，一般情况选择"2""4"。

创建一种箭头为小点的多重引线样式步骤如下：

① 启用命令创建多重引线，弹出【多重引线样式管理器】对话框，单击【新建（N）】按钮，弹出【创建新多重引线样式】对话框，在【新样式名（N）】中输入"小点样式"。如图 4-67 所示，单击【继续（O）】按钮。

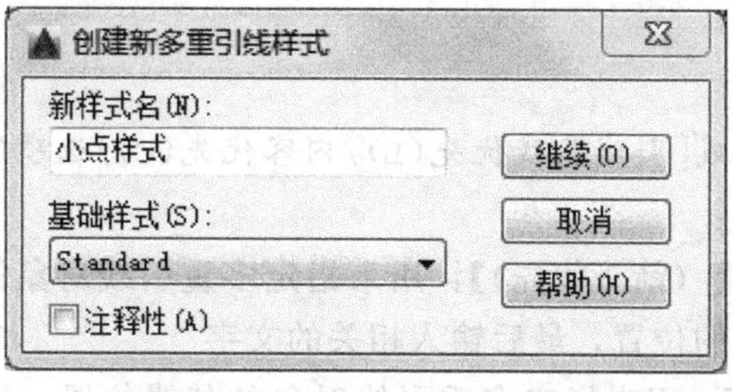

图 4-67 【创建新多重引线样式】

② 弹出【修改多重引线样式：小点样式】的对话框，设置相关参数，箭头的符号类型设置为"小点（【引线格式】选项卡中）"，如图 4-68 所示，单击【确定】按钮。

设置完成后，"小点样式"将出现在【多重引线样式管理器】对话框的【样式（S）】栏中。设置"小点样式"为当前多重引线样式，单击【置为当前（U）】按钮即可，如图 4-69所示。

快捷设置当前标注样式的方法是，单击【样式】工具栏中的【多重引线样式】下拉列表，选择"小点样式"就可以将"小点样式"设置成当前的多重引线样式显示在【样式】工具栏，如图 4-70 所示。

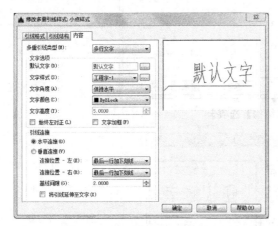

图 4-68　【修改多重引线样式：小点样式】对话框

图 4-69　【多重引线样式管理器】对话框

图 4-70　【样式】工具栏

a. "小点样式"可以用于装配图中零件序号的标注。

b. 绘制零件图和装配图时还需要设置倒角的标注，只需要在【引线格式】选项卡的【符号（S）】中选择"无箭头"类型即可。

4.7.2　多重引线标注

在机械图样中，如果要采用多重引线标注，首先在【样式】工具栏中或【多重引线样式管理器】对话框中设置一种多重引线样式作为当前多重标注样式，然后再标注多重引线。

启用命令的方式有 2 种。

① 选择菜单【标注】→【多重引线】命令。

② 输入命令 mleader✓。

命令行提示：

命令:mleader✓

指定引线箭头的位置或[引线基线优先(L)/内容优先(C)/选项(O)]<选项> :

各个选项的含义如下：

【指定引线箭头的位置（箭头优先）】：用来指定多重引线对象箭头的位置，然后再设置多重引线对象的引线基线的位置，最后输入相关的文字。

【引线基线优先（L）】：用来指定多重引线对象的基线位置，然后再设置多重引线对象的箭头位置，最后输入相关的文字。

【内容优先（C）】：用来指定与多重引线对象相关的块或文字的位置，然后输入文字，最后指定引线箭头的位置。

【选项（O）】：用来指定放置多重引线对象的选项。

标注多重引线的步骤如下：

① 启用标注多重引线的命令。

② 指定引线箭头的位置或［引线基线优先（L）/内容优先（C）/选项（O）］＜选项＞：L

③ 指定引线基线的位置：在绘图区用鼠标指定位置。

④ 弹出"文字显示区"和【文字格式】对话框，输入内容，单击【文字格式】对话框中的【确定】按钮，完成多重引线标注，如图 4-71 所示。

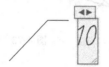

图 4-71 【文字格式】对话框

同 步 练 习

4-1 绘制图 4-72～图 4-75 三视图，并设置合理的文字样式、标注样式并标注尺寸。

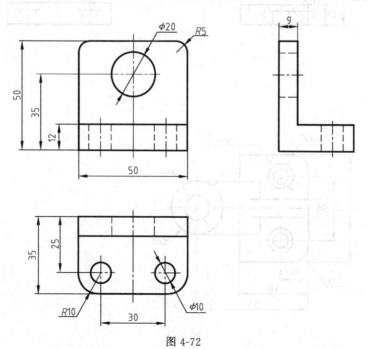

图 4-72

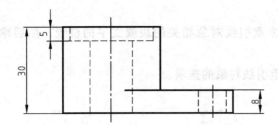
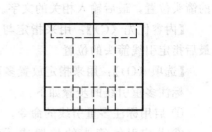

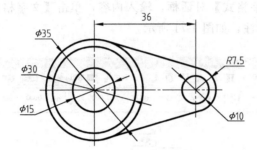

图 4-73

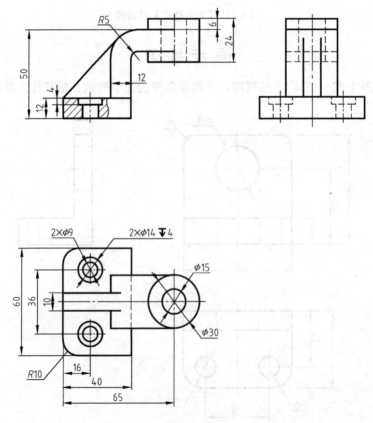

图 4-74

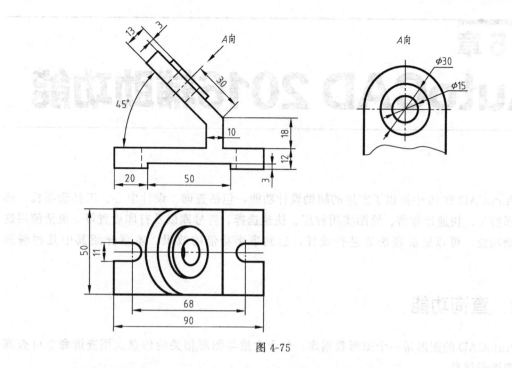

图 4-75

4-2 绘制图 4-76、图 4-77 图形，并设置合理的文字样式、标注样式并标注尺寸。

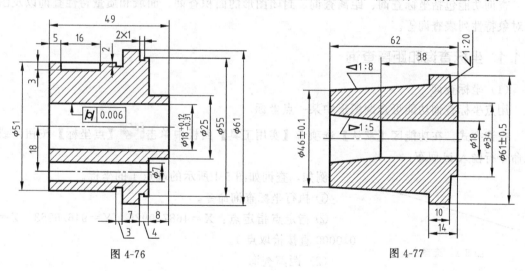

图 4-76   图 4-77

第5章
AutoCAD 2016辅助功能

AutoCAD 2016 中提供了实用的辅助设计功能,包括查询、设计中心、工具选项板、修改图形特征、快速计算器、绘图实用程序、快速选择、符号库以及打印设置等。灵活使用这些辅助功能,可以更加轻松地进行设计,达到事半功倍的效果。本章介绍其中几种辅助功能。

5.1 查询功能

AutoCAD 的图形是一个图形数据库,包含大量与图形相关的信息。用查询命令可查询和提取图形信息。

查询功能包括坐标查询、距离查询、封闭图形的面积查询、面域和质量特性查询以及图形对象特性列表查询等。

5.1.1 坐标查询和距离查询

(1) 坐标查询

用点坐标查询功能可查询图形中某一点坐标。

查询方式,在功能区【默认】选项卡【实用工具】面板中单击 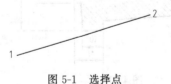【点坐标】按钮。或在命令行输入 id 回车。

例如,查询如图 5-1 所示的端点 1 的坐标。

① 执行坐标查询命令。

② 指定点指定点:X=4687.9925 Y=946.6963 Z=0.0000 直接拾取点 1。

(2) 距离查询

图 5-1 选择点

用距离查询命令可查询两点间的距离、与 XY 平面的夹角、在 XY 平面的倾角、X 增量、Y 增量和 Z 增量。查询距离时,通过指定两点,系统会自动列出两点间距离、X 增量、Y 增量和 Z 增量,两点与 XY 平面的夹角以及在 XY 平面的倾角。

查询方式,在功能区【默认】选项卡【实用工具】面板中单击【测量】—【距离】按钮。或在命令行输入 measuregeom 回车。

例如,查询如图 5-1 所示的两点之间的距离。

① 执行距离查询命令。

② 指定第一点:选取直线上点 1。

指定第二个点或 [多个点(M)]:选取直线上点 2。

③ 距离＝449.5615，XY 平面中的倾角＝15，与 XY 平面的夹角＝0
X 增量＝433.2395，Y 增量＝120.0377，Z 增量＝0.0000
显示出查询结果。

5.1.2　面积查询和周长查询

可计算和显示封闭对象或者点序列的面积与周长。如需计算多个对象的组合面积，可以选择集中每次加或者减一个对象的面积，并且计算总面积。

查询方式，在功能区【默认】选项卡【实用工具】面板中单击【测量】－ 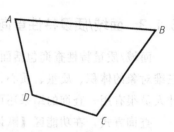 【面积】
按钮。或在命令行输入 area 回车。

方法一：查询封闭对象的面积和周长。

系统命令行提示：

① 执行查询面积命令，如图 5-2 所示。

② 指定第一个角点或［对象(O)/加(A)/减(S)］：O✓
执行对象选择。

③ 选择对象：直接选取图 5-2 中的四边形。

④ 面积＝145828.1634，周长＝1582.9437 显示查询
结果。

图 5-2　选择查询对象

方法二：按序列点查询面积和周长。

① 执行查询面积命令。

② 指定第一个角点或［对象(O)/增加面积(A)/减少面积(S)/退出(X)］＜对象(O)＞：
拾取图中 A 点。

③ 指定下一个点或［圆弧(A)/长度(L)/放弃(U)］：拾取图中 B 点。

④ 指定下一个点或［圆弧(A)/长度(L)/放弃(U)］：拾取图中 C 点。

⑤ 指定下一个点或［圆弧(A)/长度(L)/放弃(U)/总计
(T)］＜总计＞：拾取图中 D 点。

⑥ 指定下一个点或［圆弧(A)/长度(L)/放弃(U)/总计
(T)］＜总计＞：按 Enter 键结束。

⑦ 区域＝352278.1991，周长＝2513.9152 显示查询结果。

方法三：利用加、减方式查询组合面积

查询如图 5-3 所示的所有剖面线表示的封闭区域面积。

① 执行查询面积的命令。

② 指定第一个角点或［对象(O)/增加面积(A)/减少面积
(S)/退出(X)］＜对象(O)＞：S✓选择减的方式。

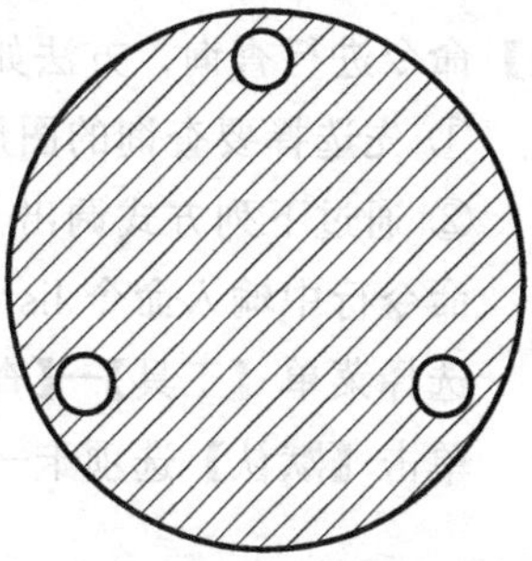

图 5-3　封闭区域面积的查询

③ 指定第一个角点或［对象(O)/增加面积(A)/退出(X)］：O✓　　选择对象选取方式。

④ ("减"模式) 选择对象：选择第 1 个小圆。

区域＝7733.0359，圆周长＝311.7310。

总面积＝－7733.0359　　　　　显示查询第 1 个小圆结果。

⑤ ("减"模式) 选择对象：选择第 2 个小圆。

区域＝7733.0359，圆周长＝311.7310。

总面积＝－7733.0359　　　　　显示查询第 2 个小圆结果。

⑥（"减"模式）选择对象：选择第 3 个小圆。

区域＝7733.0359，圆周长＝311.7310。

总面积＝－7733.0359   显示查询第 3 个小圆结果。

⑦（"减"模式）选择对象：✓   按 Enter 键结束减模式的选择。

⑧ 指定第一个角点或［对象(O)/增加面积(A)/退出(X)］：A✓   选择加的方式。

⑨ 指定第一个角点或［对象(O)/减少面积(S)/退出(X)］：O✓   选择对象选取方式。

⑩（"加"模式）选择对象：✓   按 Enter 键结束加模式的选择。

区域＝7733.0359，圆周长＝311.7310。

总面积＝－7733.0359。

⑪（"加"模式）选择对象：✓   按 Enter 键结束加模式的选择。

指定第一个角点或［对象(O)/减少面积(S)/退出(X)］：✓   按 Enter 键结束命令。

5.1.3 面域/质量特性查询

面域/质量特性查询包括面域的周长、面积、质心、边界框、惯性矩等参数，也可计算三维对象的体积、质量、质心、旋转半径、惯性矩等，对工程设计人员很有用。查询的结果还可被写到文件中，便于查询。

查询方式，在功能区【默认】选项卡【实用工具】面板中单击【测量】— 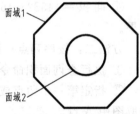 【面积】按钮。或在命令行输入 massprop 回车。

对如图 5-4 所示的两个面域执行面域/质量特性。

图 5-4   查询面域对象

5.1.4 列表查询

在 AutoCAD 中要查询图形的相关信息（如图形的尺寸、面积、坐标等），可通过【列表】命令进行查询，方法如下：

① 先选择要查询的图形，如图 5-5 所示。

② 通过下列方式调出【列表】命令：

命令行中输入命令 list✓（或：li✓）。

选择菜单【工具】→【查询】→【列表】命令。

单击【默认】选项卡→【特性】面板→【列表】  列表按钮，如图 5-6 所示。

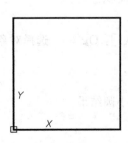

图 5-5   列表查询的对象   图 5-6 【列表】命令按钮

③ 命令输入后，在命令行上方显示图形的列表信息，如图 5-7 所示。

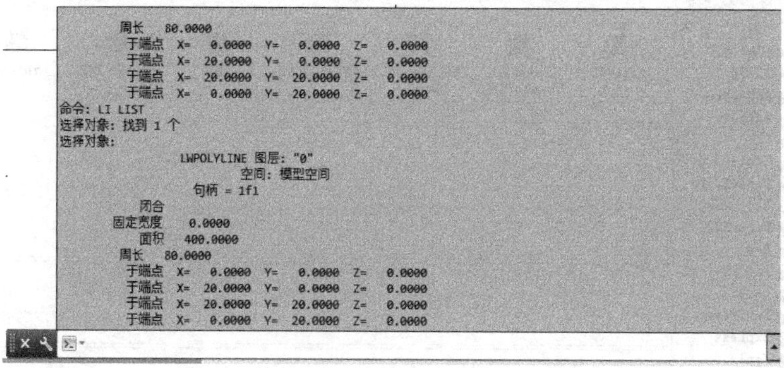

图 5-7　【列表】信息

5.2　设计中心

AutoCAD 设计中心有一个功能强大的管理系统。通过设计中心，用户可以组织对块、填充的图案、图形内容的访问，源图形的任何内容都可以拖曳到当前图形中，可将块、填充和图形拖曳到工具选项板上，也可通过设计中心对打开的多个内容进行复制和粘贴，从而简化了绘图过程。

5.2.1　设计中心的功能

具体来说，设计中心具有以下功能，如表 5-1 所示。

表 5-1　设计中心功能一览表

序号	主要操作内容
1	浏览用户计算机、网络驱动器和 Web 页上的图形内容（例如图形或符号库）
2	在定义表中查看图形文件中命名对象（例如块和图层）的定义，然后将定义插入、附着、复制和粘贴到当前图形中
3	更新（重定义）块定义
4	创建指向常用图形、文件夹和 Internet 网址的快捷方式
5	向图形中添加内容（例如外部参照、块和填充）
6	在新窗口中打开图形文件
7	将图形、块和填充拖曳到工具选项板上以便于访问

如当前工作界面没显示【设计中心】窗口，则可选择菜单【工具】→【选项板】→【设计中心】命令（快捷键为 Ctrl＋2），或在功能区【试图】选项卡【选项板】面板单击 ![icon]【设计中心】按钮，可打开图 5-8 所示【设计中心】窗口。

【设计中心】窗口是由顶部的工具栏图标区、【文件夹】选项卡、默认竖排的标题栏、【历史记录】选项卡和【打开的图形】选项卡等组成。在默认情况下，【联机设计中心】选项卡处于禁用状态，用户可通过 CAD 管理员控制实用程序启用。

【设计中心】窗口的 4 个选项卡功能用途，见表 5-2。

5.2.2　设计中心的使用

从设计中心搜索到内容并加载到内容区是很基本的操作。操作步骤如下。

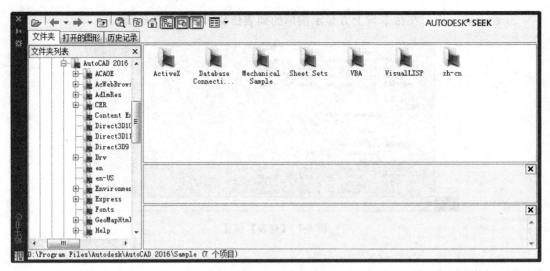

图 5-8 【设计中心】窗口

表 5-2 【设计中心】窗口 4 个选项卡的功能用途

序号	选项卡名称	用途	备注说明
1	"文件夹"	显示计算机或网络驱动器（包括"我的电脑"和"网络邻居"）中文件和文件夹的层次结构	经常通过该选项卡浏览所需的文件
2	"打开的图形"	显示当前工作任务中打开的所有图形，包括最小的图形	便于检索和操作打开的图形
3	"历史记录"	显示最近在设计中心打开的文件列表	显示历史记录后，在一个文件上单击鼠标右键显示此文件信息或从"历史记录"列表中删除此文件
4	"联机设计中心"	访问联机设计中心网页	建立网络连接时，"欢迎"页面中将显示两个窗格，其中左边窗格显示了包含符号库、制造商站点和其他内容库的文件夹；当选定某个符号时，它会显示在右窗格中，并且可以下载到用户的图形中

① 设计中心如果没有打开，可以从 AutoCAD 选择菜单【工具】→【选项板】→【设计中心】命令，或在功能区【视图】选项卡【选项板】面板单击【设计中心】 ■ 按钮，打开【设计中心】窗口。

② 在设计中心工具栏单击 ■ 【搜索】按钮，弹出如图 5-9 所示的【搜索】对话框。

③ 在内容区继续双击某图标加载到下一级对象。

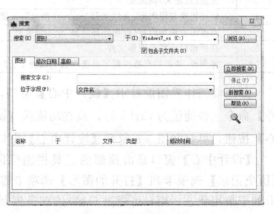

图 5-9 【搜索】对话框

④ 在设计中心用以下方法之一：

a. 把搜索结果列表中的项目拖曳到内容区。

b. 双击搜索结果列表中的项目。

　　c. 在搜索结果列表中的项目单击鼠标右键，从弹出的快捷菜单中选择【加载到内容区中】命令。

　　⑤ 在【搜索】对话框设置条件进行搜索，结果显示在对话框的搜索列表中。

　　下面介绍通过设计中心的常用操作：

　　把项目加载到内容区后，可对显示项目的内容进行各种操作。例如，可在内容区打开图形；在内容区选择所需内容，可将内容添加到当前图形；通过双击内容区上的项目可按顺序显示出详细信息；可将项目添加到工具选项板中。以下介绍其中两种操作方法。

　　① 通过设计中心打开图形　可通过以下方式在设计中心内容区打开图形：

　　a. 用快捷菜单。例如，在内容区右击需要打开的选定图形，从弹出的快捷菜单选择【在应用程序窗口中打开】命令，如图 5-10 所示。

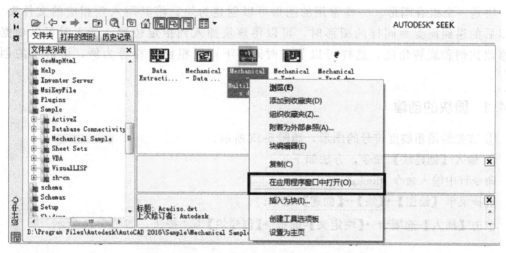

图 5-10　在设计中心使用快捷菜单打开图形文件

　　b. 拖曳图形的同时需要按住 Ctrl 键，把图形拖至应用程序窗口中再释放。

　　c. 把图形图标拖至绘图区域，需要制定比例因子、插入点等。

　　打开图形文件时，该图形名被添加到设计中心的历史记录中，便于以后能快速访问。

　　② 将内容添加到图形中　通过设计中心可将需要的内容添加到当前图形文件中。

　　a. 在内容区某个项目单击鼠标右键，会显示包含若干个选项的快捷菜单，用快捷菜单可以进行相应的操作。

　　b. 将某个项目拖曳到某个图形区，按照默认设置将其插入。

　　c. 双击块会弹出【插入】对话框，双击图案填充弹出【边界图案填充】对话框，用这些弹出的对话框进行插入设置。

　　用户可预览图形内容（包括内容区中的块、图形或外部参照），还可显示文字说明。

5.3　工具选项板

　　工具选项板是一个辅助设计工具，它不仅提供了一些行业常用的图形块，还可以提供由第三方开发人员自定义工具，如图 5-11 所示。

图 5-11　工具选项板

工具选项板可以通过下列方式打开：

命令行中输入命令：toolpalettes↙。

选择【工具】菜单→【选项板】→【工具选项板】命令。

单击【视图】选项卡→【选项板】面板→【工具选项板】命令按钮，如图 5-12 所示。

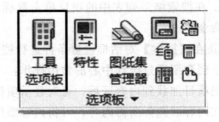

图 5-12 【选项板】面板

5.4 图块操作

块是一个组合图形。一些常用的图形可以创建为块，将其写入到相应的文件夹中，在以后的遇到需要画同样的图形时，可以将该块插入到指定位置，插入时可以根据需要修改比例和旋转角度，这样可以节省时间。下面以粗糙度符号为例，讲解块的创建过程。

5.4.1 图块的创建

① 首先绘图粗糙度符号的图形，如图 5-13 所示。

② 输入【创建块】命令，方法如下：

命令行中输入命令 block↙。

选择菜单【绘图】→【块】→【创建】命令。

单击【插入】选项卡→【块定义】面板→【创建块】 按钮，如图 5-14 所示。

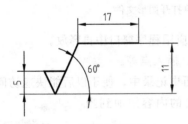

图 5-13 粗糙度符号尺寸

图 5-14 块定义面板

命令输入后，弹出【块定义】对话框，如图 5-15 所示。

③ 在【块定义】对话框的【名称】文本框中输入"粗糙度符号"。

④ 在【对象】选项组中确保【转换为块】为选取状态，然后单击【选择对象】按钮，在绘图区中框选粗糙度符号图形，按"空格"键回到【块定义】对话框，如图 5-16所示。

⑤ 在【基点】选项组中单击【拾取点】

图 5-15 【块定义】对话框

按钮，在绘图区中粗糙度符号图形上选择基点后，回到【块定义】对话框，如图 5-17 所示。

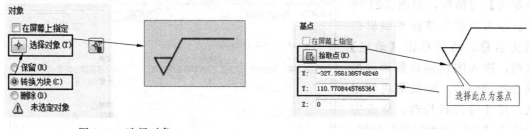

图 5-16　选择对象　　　　　　　　　　　　　　图 5-17　选择基点

⑥ 单击【确定】按钮完成块的创建，如图 5-18 所示。

5.4.2　插入图块

前面创建的块，如需要插入到图形中，可通过【插入】命令进行，方法如下：

命令行中输入命令 insert↙ 。

选择菜单【插入】→【块】命令。

在【插入】选项卡→【块】面板→【插入】下拉列表中选择【更多选项】，或者从列表中选择要插入的块直接插入，如图 5-19 所示。

图 5-18　完成块创建

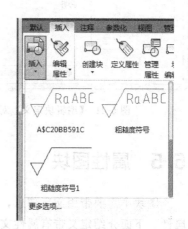

图 5-19　【块】面板

命令输入后，弹出【插入】对话框，如图 5-20 所示。从对话框中【名称】文本框的下拉列表中选择要插入的块名称，如选择"粗糙度符号 1"；然后设置块的【比例】和【旋转】角度，单击【确定】按钮后，在绘图区中点击要插入块的点，块插入完成。

5.4.3　图块的编辑

图块需要修改，可通过下列命令或方式进行编辑：

命令行中输入命令 bedit↙ 。

在绘图区双击要修改的块。

在【插入】选项卡→【块定义】面板→【块编辑器】命令。

命令输入后，弹出【编辑块定义】对话框，如图 5-21 所示。在对话框中选择要编辑的图块名称，然后单击【确定】按钮，进入图块编辑界面（如图 5-22 所示），可以图块的形状、尺寸等进行修改，修改完后单击【关闭块编辑器】按钮，在弹出的对话框中单击【保存图块的修改】按钮完成图块的编辑。

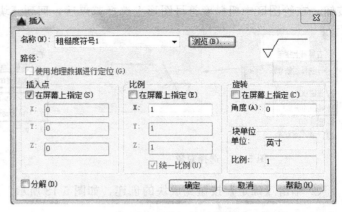

图 5-20 【插入】对话框

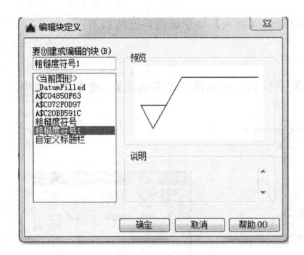

图 5-21 【编辑块定义】对话框

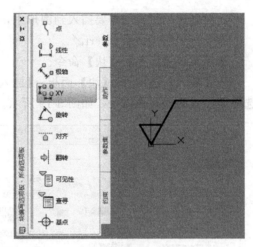

图 5-22 图块编辑界面

5.5 属性图块

图块中需要带用文字信息，比如粗糙度符号需要带有粗糙度值，可在块定义前定义块的属性。下面介绍定义带有属性文字的块的方法。

5.5.1 属性图块的创建与使用

① 输入【定义属性】命令。方法有以下几种：

命令行中输入命令 attdef↙。

选择菜单【绘图】→【块】→【定义属性】命令。

单击【插入】选项卡→【块定义】面板→【定义属性】命令。

命令输入后，弹出【属性定义】对话框，如图 5-23 所示。

② 在【属性定义】对话框中输入相应的文字，如图 5-24 所示。【文字设置】选项组中，【对正】选择"左对齐"、【文字样式】选择"工程图－3.5"，其他选择为默认。最后单击【确定】按钮。

图 5-23　【属性定义】对话框

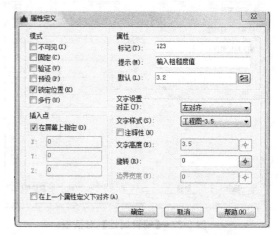

图 5-24　编辑【属性定义】对话框

③ 在粗糙度符号图形的 "Ra" 的右下角单击，生成文字 "123"，如图 5-25 所示。

④ 定义块。单击【插入】选项卡→【块定义】面板→【创建块】按钮，弹出【块定义】对话框，对【块定义】对话框进行设置，块名称为 "粗糙度"，如图 5-26 所示。

图 5-25　生成属性文字

⑤ 单击【确定】按钮后，弹出【编辑属性】对话框，如图 5-27 所示。【输入粗糙度值】的文本框中为默认的 "3.2"，然后单击【确定】按钮，生成默认值为 "3.2" 的粗糙度符号图形，如图 5-28 所示。

图 5-26　编辑【块定义】对话框

⑥ 写块。单击【插入】选项卡→【块定义】面板→【写块】按钮，弹出【写块】对话框，对【写块】对话框进行设置。在【源】选项组中选择 "块"，在下拉列表中选择刚创建的块名称 "粗糙度"，指定【文件名和路径】的地址，如图 5-29 所示。

⑦ 单击【确定】按钮完成块的保存。

5.5.2　属性图块的编辑

（1）管理属性

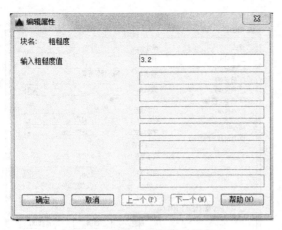

图 5-27 【编辑属性】对话框

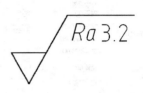

图 5-28 粗糙度符号图形

块属性定义完后，可对其进行管理或更改，命令可通过下列方式进行命令行中输入命令 battman↙ 。

选择菜单【修改】→【对象】→【属性】→【块属性管理器】命令。

单击【插入】选项卡→【块定义】面板→【管理属性】按钮。

命令输入后，弹出【块属性管理器】对话框，如图 5-30 所示。在对话框中选择"粗糙度"块，单击【编辑】按钮后弹出【编辑属性】对话框，如图 5-31 所示。

在【编辑属性】对话框中可对块的属性进行修改和编辑，单击【确定】按钮后保存修改。除这种方法外，还可以通过【增强属性编辑器】对块属性进行修改。

图 5-29 【写块】对话框

（2）增强属性编辑器

【增强属性编辑器】的命令可通过下列方式进行命令行中输入命令 eattedit↙→选择块。

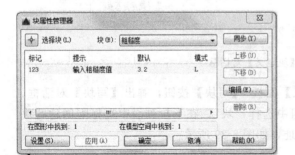

图 5-30 【块属性管理器】对话框

图 5-31 【编辑属性】对话框

选择菜单【修改】→【对象】→【文字】→【编辑】命令→选择块。

单击【插入】选项卡→【块】面板→【编辑属性】按钮→选择块。

　　选择块后，弹出【增强属性编辑器】对话框，如图 5-32 所示。在对话框中可对属性值、文字样式、特性元素进行更改，如图 5-33 和图 5-34 所示。

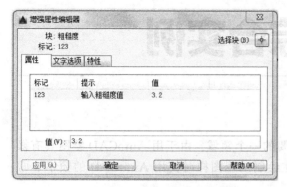

图 5-32　【增强属性编辑器】对话框

图 5-33　【增强属性编辑器】文字选项

图 5-34　【增强属性编辑器】特性选项

同 步 练 习

　　制作标准标题栏图块，尺寸如图 5-35 所示。要求如下：

　　① 标题栏中带有括号的文字通过属性定义，为可变文字，如"（材料标记）"；其他文字为固定文字，不可更改。

　　② 小号汉字高度为 5.0，大号汉字高度为 8.0，文字样式为长仿宋体。

　　③ 图块的插入点在右下角端点。

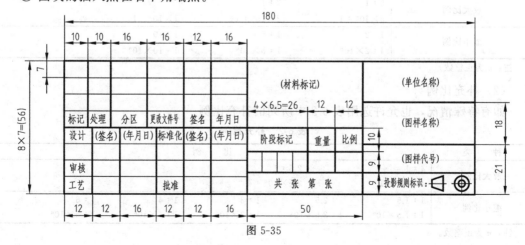

图 5-35

第6章
工程图样绘制综合实例

工程图样的绘制是 AutoCAD 应用中最重要的一个领域。由于用 AutoCAD 绘图具有操作方便、效率高和绘图质量高等优点，所以在绘制工程图样时使用 AutoCAD 的频率非常高，提高了各工程项目的生产效率。

6.1 机械制图的基础知识

机械图纸是设计和制造机械的重要资料。一张完整的机械图纸由图形、尺寸、技术要求和标题栏等要素组成，而且这些要素应遵守相应的国际标准（ISO）、国家标准（GB）、行业标准和企业标准等规范。

在使用 AutoCAD 进行机械制图时，首先要根据相关的标准设置绘图比例、文字样式、线宽、图框大小和标题栏等基本要素，使机械图样符合相应的规范，便于读图。

6.1.1 绘图比例

（1）优先选用的比例

绘图比例是指图中图形的要素与实物上相应的要素的线性尺寸之比。根据 GB/T 18229—2000《CAD 工程制图规则》中的要求，用 AutoCAD 绘制工程图样时，比例应按照 GB/T 14690—1993《技术制图 比例》中的规定优先选用表 6-1 中所列的比例。

表 6-1 优先选用的比例

种　　类	比　　　　　例		
原值比例	$1:1$		
放大比例	$5:1$	$2:1$	
	$5\times10^n:1$	$2\times10^n:1$	$1\times10^n:1$
缩小比例	$1:2$	$1:5$	$1:10$
	$1:2\times10^n$	$1:5\times10^n$	$1:10\times10^n$

注：n 为正整数。

（2）补充比例

如有特殊情况，也允许选用表 6-2 中所列的补充比例。

表 6-2 补充比例

种　　类	比　　　　　例				
放大比例	$4:1$	$2.5:1$			
	$4\times10^n:1$	$2.5\times10^n:1$			
缩小比例	$1:1.5$	$1:2.5$	$1:3$	$1:4$	$1:6$
	$1:1.5\times10^n$	$1:2.5\times10^n$	$1:3\times10^n$	$1:4\times10^n$	$1:6\times10^n$

注：n 为正整数。

6.1.2　文字样式

在工程图样中，要求字体工整、笔画清楚、间隔均匀、排列整齐，文字样式应按 GB/T 18229—2000《CAD 工程制图规则》中规定的要求去设置。文字样式的设置包括字型和字体高度等要素。

(1) 字型

工程图样中的文字主要由字母、数字和汉字组成，字体型式按 GB/T 14691—1993《技术制图　字体》的要求去设置。

① 字母和数字　字母和数字分为 A 型和 B 型，A 型字体的笔画宽度是字高的 1/14，B 型字体的笔画宽度是字高的 1/10。字母和数字可写成直体和斜体，斜体字向右倾斜 75°。在同一个图样上，只能选用一种型式的字体。

② 汉字　汉字应采用国家正式公布的简化字体，而且应写成长仿宋体。一些特殊的地方也可以选用宋体、黑体等字型，CAD 工程图中汉字字型的应用范围如表 6-3 所示。

表 6-3　汉字字体选用范围

汉字字型	国家标准号	应用范围
长仿宋体	GB/T 13362.4～13362.5—1992	图中标注及说明的汉字、标题栏、明细栏等
单线宋体	GB/T 13844—1992	大标题、小标题、图册封面、目录清单、标题栏中设计单位名称、图样名称、工程名称、地形图等
宋体	GB/T 13845—1992	
仿宋体	GB/T 13846—1992	
楷体	GB/T 13847—1992	
黑体	GB/T 13848—1992	

注意：在 AutoCAD 中，直体数字和字母选用的字体名为 gbenor.shx，斜体数字和字母选用的字体名为 gbeitc.shx。汉字选用大字体格式 gbcbig.shx。

(2) 字体高度

字体高度代表字体的字号，为使图纸中字体笔画清楚，在 CAD 工程图中采用的字高与图幅的关系如表 6-4 所示。如要书写更大的字，其字体高度按 $\sqrt{2}$ 的比率递增。

表 6-4　字体与图幅之间的关系

图幅	A0	A1	A2	A3	A4
字母、数字			3.5mm		
汉字			5mm		

6.1.3　图线

Auto CAD 制图时，使用的图线应按照 GB/T 17450—1998《技术制图　图线》中的规定进行设置。工程图使用的基本线型及其应用范围如表 6-5 所示。

表 6-5　基本线型及应用

图线名称	图线类型	线宽	应用范围
粗实线	——————	b	可见轮廓线、过渡线
细实线	——————	约 b/2	尺寸线、尺寸界线、引出线、剖面线、螺纹牙底线、重合的断面轮廓线

续表

图线名称	图线类型	线宽	应用范围
波浪线	〜〜〜	约 b/2	视图与部视图的分界线、断裂处的边界线
双折线	〜/\〜	约 b/2	断裂处的边界线
虚线	— — — — —	约 b/2	不可见的轮廓线
细点画线	—————	约 b/2	中心轴线、对称线、齿轮分度圆及分度线
粗点画线	▬▬ ▬ ▬	b	有特殊要求的线或表面的表示线
细双点画线	——— ·· ———	约 b/2	轨迹线、极限位置的轮廓线、相邻辅助零件的轮廓线、假想投影的轮廓线

综上所述，图线的线宽分为粗、细两种，粗线线宽一般采用 b=0.5mm 或 0.7mm，细线约为粗线线宽的 1/2，即 b/2=0.25mm 或 0.35mm。

6.2 绘图环境的设置

绘图环境设置是指根据机械制图的基础知识对 AutoCAD 的环境进行设置，主要包括图层、文字样式和标注样式的设置。

6.2.1 图层的设置

图层设置主要是设置图层名称、线型、图线颜色和图线宽度。根据 CAD 制图的要求，需要设置 5 个图层，如表 6-6 所示。

表 6-6 图层名称及特性要求

序号	图层名称	线型	颜色	线宽
1	粗实线	Continuous	白/黑	0.5
2	中心线	CENTER	红	0.25
3	细实线	Continuous	绿	0.25
4	标注与注释	Continuous	绿	0.25
5	细虚线	ACD_ISO02W100	黄	0.25
6	细双点画线	ACD_ISO05W100	粉红色	0.25

（1）新建【粗实线】层

① 新建图形文件。单击【新建】按钮 ▭，在弹出的【选择样板】对话框中选择 acad.dwt 样板文件，然后单击【打开】按钮，进入图形文件，再将图形文件另存为"A3-图框.dwg"的图形文件。

② 打开【图层特性管理器】选项板。在【图层】显示面板中单击【图层特性】按钮后，弹出【图层特性管理器】选项板，如图 6-1 所示。

③ 新建【图层】。在【图层特性管理器】选项板的顶部，单击【新建图层】按钮 ▤，选项板中弹出了一个【图层 1】的新图层，如图 6-2 所示。

④ 更改【图层 1】的特性。将图层名称【图层 1】更改为【粗实线】；【粗实线】层的【颜色】采用默认的"白色"、【线型】采用默认的"Continuous"；【线宽】由默认改为 0.5mm，方法如图 6-3 所示。

⑤ 更改完图层的特性后，【粗实线】层新建完成。

（2）新建【中心线】层

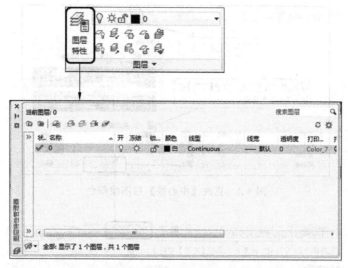

图 6-1 图层特性管理器打开方式

图 6-2 新建图层

① 新建【图层】。在【图层特性管理器】选项板的顶部，单击【新建图层】按钮 ，选项板中弹出了一个【图层 1】的新图层，方法与图 6-2 所示的方法一样。

② 将图层名称【图层 1】更改为【中心线】。

③ 将【线宽】改成"0.25mm"。方法与图 6-3 中所示的方法一样。

④ 将图线【颜色】改为"红色"。单击【中心线】层对应的【颜色】单元格，弹出【选择颜色】对话框，从对话框中选择"红色"，最后单击【确定】按钮完成颜色更改。方法如图 6-4 所示。

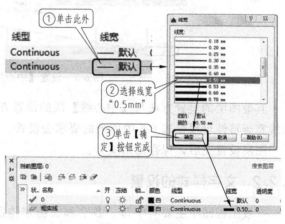

图 6-3 更改线宽

⑤ 将【线型】设置为"CENTER"。单击【中心线】层对应的【线型】单元格，打开【选择线型】对话框，单击对话框中的【加载】按钮，在弹出的【加载或重载线型】对话框中选择"CENTER"线型，单击【确定】按钮后回到【选择线型】对话框，再在【选择线型】对话框中选"CENTER"线型，最后单击【确定】按钮完成线型设置。方法如图 6-5 所示。

（3）其他图层的新建

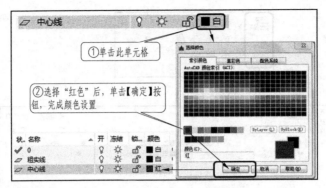

图 6-4　更改【中心线】层图线颜色

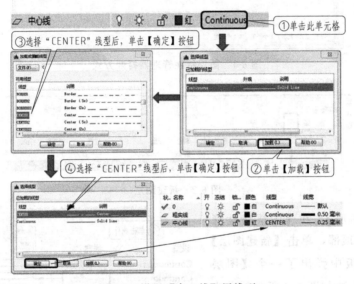

图 6-5　设置【中心线】层线型

其他图层的设置方法与【中心线】层的设置方法类似，各图层的图层名称、线型、颜色和线宽等特性可根据表 6-6 中所列的要求去设置。

图层设置完后，保存图形文件。

6.2.2　文字样式的设置

一般工程图中主要有字母、数字和长仿宋体汉字，字体高度主要是 3.5mm 和 5.0mm 两种。在 AutoCAD 的文字样式设置中选用"gbenor.shx"来规范直体的数字和字母字体，选用"gbcbig.shx"来规范汉字字体。

（1）新建名称为"工程图-3.5"的文字样式，字体高度为 3.5mm。

① 打开已经设置好图层的"A3-图框.dwg"图形文件。

② 打开【文字样式】对话框。从【格式】菜单的下拉选项中选择【文字样式】命令，弹出【文字样式】对话框，如图 6-6 所示。

③ 新建文字样式。单击【文字样式】对话框上的【新建】按钮，弹出【新建文字样式】对话框，将对话框中的样式名更改为"工程图-3.5"（如图 6-7 所示），改完后单击【确定】按钮回到【文字样式】对话框。

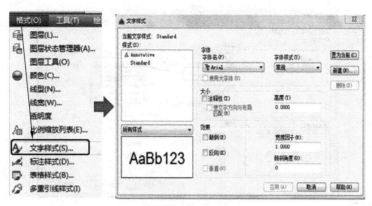

图 6-6　【文字样式】对话框

④ 设置【字体名】。在【文字样式】对话框的【样式】列表中选择"工程图-3.5"，然后在【字体名】下拉列表中选择"gbenor.shx"字体用于注释直体的字母和数字，如图 6-8 所示。

⑤ 设置【大字体】。勾选【文字样式】对话框中的【使用大字体】复选框，然后在

图 6-7　【新建文字样式】对话框

【大字体】下拉列表中选择"gbcbig.shx"字体用于注释汉字，如图 6-9 所示。

图 6-8　设置【字体名】

⑥ 设置文字高度。在【文字样式】对话框中的【高度】文本框中将"0.0000"改为"3.5"，再单击【应用】按钮，完成"工程图-3.5"文字样式的设置，如图 6-10 所示。

（2）新建名称为"工程图-5"的文字样式，字体高度为 5mm。

"工程图-5"文字样式的新建步骤与"工程图-3.5"文字样式的新建步骤中的③～⑥类似，只需将名称变为"工程图-5"、【高度】文本框中将"0.0000"改为"5"即可，如图 6-11 所示。

（3）将"工程图-5"的文字样式置为当前状态。

在【文字样式】对话框中的【样式】列表中选择"工程图-5"文字样式，单击【置为当前】按钮，然后单击【关闭】按钮，如图 6-12 所示。

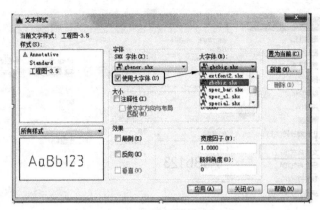

图 6-9　设置【大字体】

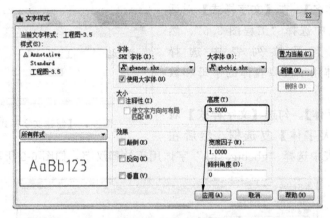

图 6-10　设置【高度】

图 6-11　设置"工程图-5"的文字样式

（4）文字样式设置完成，对图形文件进行保存。

6.2.3　标注样式的设置

在"A3-图框.dwg"图形文件中设置"角度标注""平行标注""水平标注"和"直径

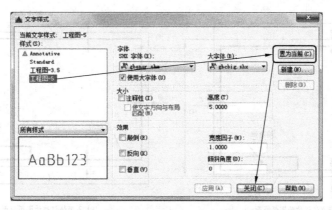

图 6-12　设置"工程图-5"为当前文字样式

标注"4 个标注样式，如图 6-13 所示。标注样式的设置方法参照第 4 章中"尺寸标注样式设置"中介绍的方法。设置后，保存图形文件。

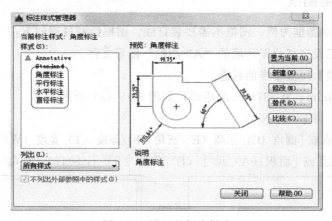

图 6-13　设置的标注样式

6.3　绘制工程图图框

6.3.1　图纸幅面和格式

用 AutoCAD 进行工程制图时，图纸须按照 GB/T 14689—1993《技术制图　图纸幅面和格式》的相关规定。图纸根据有、无装订边的要求又分为两种图纸形式，如图 6-14 所示，图纸的幅面有 A0、A1、A2、A3、A4 五种规格，其尺寸规格如表 6-7 所示。

表 6-7　标准图纸的基本尺寸　　　　　　　　　　　　　　mm

幅面代号	A0	A1	A2	A3	A4
B×L	841×1189	594×841	420×594	297×420	210×297
e	20			10	
c	10			5	
a	25				

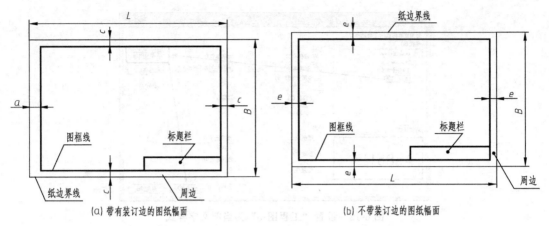

(a) 带有装订边的图纸幅面　　　　(b) 不带装订边的图纸幅面

图 6-14　图纸形式

6.3.2　绘制标准图框

以绘制横向 A3 图框为例，图框不需要装订线，图框绘制过程如下：

① 打开前面已设置好绘图环境的"A3-图框"图形文件。

② 将【细实线】层置于当前状态。

③ 绘制长 420mm、宽 297mm 的矩形，如图 6-15 （a） 所示。

命令：REC↙（RECTANG）。

指定第一个角点或 ［倒角 （C）/标高 （E）/圆角 （F）/厚度 （T）/宽度 （W） ］：0，0↙。

指定另一个角点或 ［面积 （A）/尺寸 （D）/旋转 （R） ］：@420，297↙。

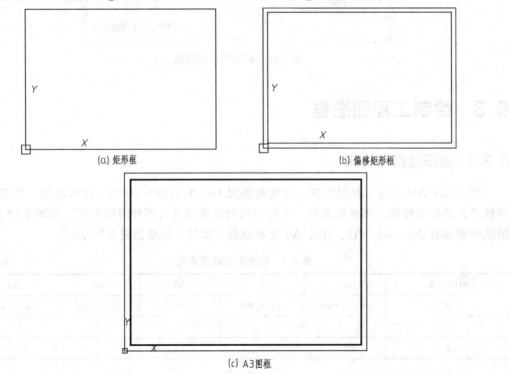

(a) 矩形框　　　　　　　(b) 偏移矩形框

(c) A3图框

图 6-15　绘制标准图框

④ 向矩形框内偏移 10mm，如图 6-15 (b) 所示。

命令：O✓ (OFFSET)。

当前设置：删除源＝否 图层＝源 OFFSETGAPTYPE＝0。

指定偏移距离或 [通过 (T)/删除 (E)/图层 (L)] <10.0000>： 10✓

选择要偏移的对象，或 [退出 (E)/放弃 (U)] <退出>：选择矩形边框。

指定要偏移的那一侧上的点，或 [退出 (E)/多个 (M)/放弃 (U)] <退出>：在矩形边框内任意处单击鼠标左键。

选择要偏移的对象，或 [退出 (E)/放弃 (U)] <退出>：＊取消＊。

⑤ 将内部的矩形框设置为粗实线：选择内部矩形，然后在【图层】工具栏中选择【粗实线】层。完成 A3 图框的绘制，如图 6-15 (c) 所示。

6.4 绘制工程图标题栏

每张工程图都应在图框的右角配置标题栏，GB/T 10609.1—2008《技术制图 标题栏》中对标题栏中的形式和尺寸进行了规定，标准标题栏如图 6-16 所示。

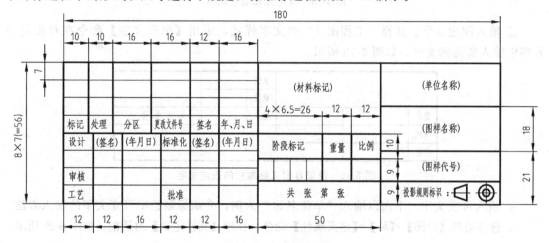

图 6-16 标准标题栏

除标准标题栏外，还可以根据实际需要绘制简易的自定义标题栏，如图 6-17 所示。

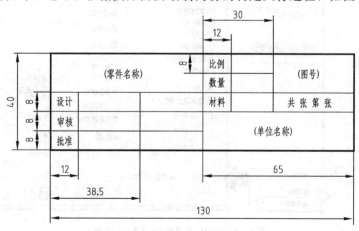

图 6-17 自定义标题栏

自定义的标题栏的绘制过程如下：

① 打开前面已设置好绘图环境的"A3-图框"图形文件。

② 绘制标题栏线框，形状和尺寸如图 6-18 所示。标题栏外框的图线为粗实线，框内的图线为细实线。绘制过程可使用【直线】、【偏移】和【修剪】等命令。

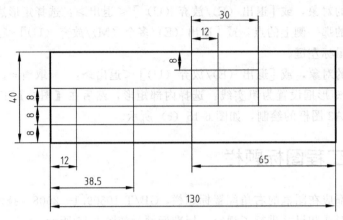

图 6-18　自定义标题栏线框

③ 输入固定文字。选择"工程图-5"的文字样式，采用【单行文字】命令在对应的单元格中输入所需的文字，如图 6-19 所示。

图 6-19　设置自定义标题栏的固定文字

④ 输入可变文字。下面以输入"单位名称"为例，介绍标题栏中可变文字的输入方法。

a. 选择菜单【绘图】→【块】→【定义属性】命令，弹出【属性定义】对话框，如图 6-20 所示。

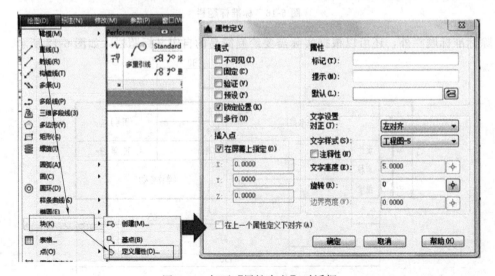

图 6-20　打开【属性定义】对话框

b. 设置【属性定义】对话框中的内容：

在【标记】文本框中输入"（单位名称)"，在【提示】文本框中输入"输入单位名称"，如图 6-21 所示。

图 6-21　设置【属性定义】对话框

在【对正】下拉列表中选择"正中"，在【文字样式】下拉列表中选择"工程图-5"的文字样式，如图 6-21 所示。

勾选【在屏幕上指定】的复选框，如图 6-21 所示。

单击【确定】按钮，完成【属性定义】对话框的设置。

c. 在对应单元格的正中心单击鼠标左键，如图 6-22 所示。

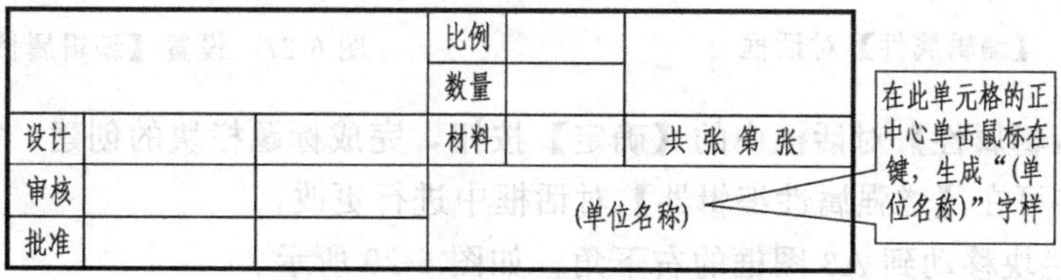

		比例		
		数量		
设计		材料		共 张 第 张
审核				
批准				（单位名称）

图 6-22　生成"（单位名称)"字样

d. 重复上述步骤，设置其他可变文字的属性，如图 6-23 所示。

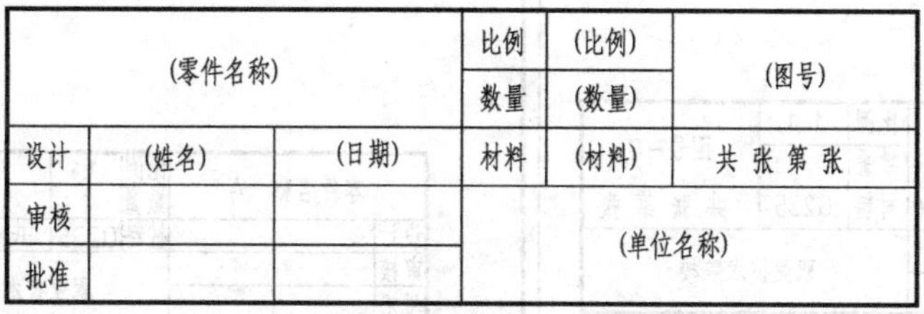

			比例	（比例）	
（零件名称）			数量	（数量）	（图号）
设计	（姓名）	（日期）	材料	（材料）	共 张 第 张
审核					
批准			（单位名称）		

图 6-23　其他可变文字

⑤ 将标题栏创建为块。操作步骤如下：

a. 框选图 6-23 所示的整个标题栏。

b. 将"十字光标"正中心移至标题栏外框的右下角点，如图 6-24 所示。

c. 按住鼠标右键，在绘图区拖动一段距离后松开，弹出一个快捷菜单，如图 6-25 所示。

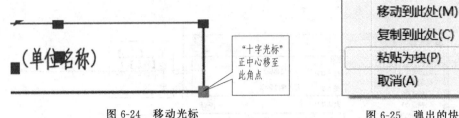

图 6-24　移动光标　　　　　　　图 6-25　弹出的快捷菜单

d. 单击快捷菜单中的【粘贴为块】后，弹出【编辑属性】对话框，如图 6-26 所示。

e. 根据【编辑属性】对话框中的提示，在相应的文本框中输入对应的文字，如图 6-27 所示。

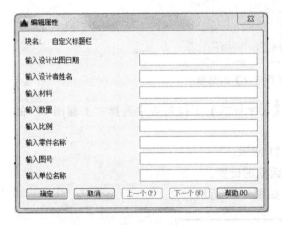

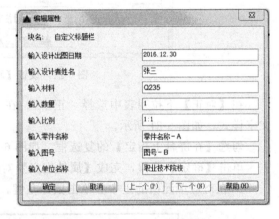

图 6-26　【编辑属性】对话框　　　　　图 6-27　设置【编辑属性】对话框

f. 单击【编辑属性】对话框中的【确定】按钮，完成标题栏块的创建，如图 6-28 所示。块中的可变文字可在【增强属性编辑器】对话框中进行更改。

⑥ 将标题栏块移动到 A3 图框的右下角，如图 6-29 所示。

图 6-28　标题栏块　　　　　　　　图 6-29　移动标题栏块

标题栏设置完成，最后将整个"A3-图框.dwg"图形文件另存为"A3-图框.dwt"的图形样板文件，以备后续绘图调用，如图 6-30 所示。

6.5　轴套类零件工程图样绘制

　　轴套类零件是机械装备中最常见的零件。下面以如图 6-31 所示的阶梯轴为例，讲述轴套类零件的绘制过程。

6.5.1　绘制阶梯轴轮廓

　　① 启动 AuotCAD 后，打开"A3-图框 .dwt"图形样板文件，然后另存为"阶梯轴 .dwg"文件。

　　② 绘制长 330mm 的中心轴线。

　　将图层【中心线】置于当前状态，单击【绘图】选项面板的【直线】按钮 ✎，在图框内的中部绘制一条长 300mm 的中心线，如图 6-32 所示。

图 6-30　另存为"A3-图框 .dwt"图形样板

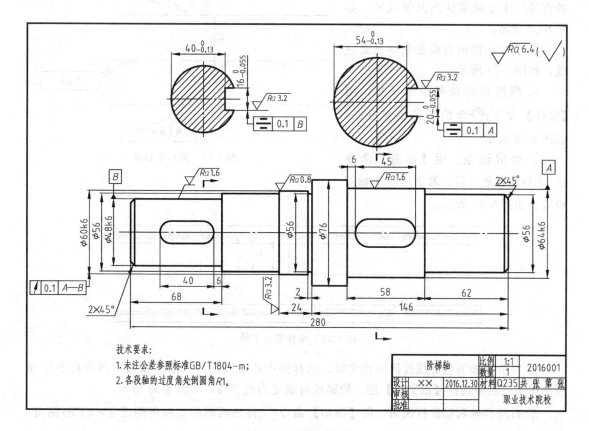

技术要求：
1. 未注公差参照标准GB/T1804-m；
2. 各段轴的过度角处倒圆角R1。

阶梯轴	比例	1:1	2016001
	数量	1	
设计　××　2016.12.30		材料 Q235	共　张　第　张
审核			职业技术院校
批准			

图 6-31　阶梯轴图形

③ 向上偏移中心线。单击【修改】选项面板的【偏移】按钮 🔧，按命令提示输入偏移距离"38↙"，先选择中心线，再在中心线上侧单击鼠标左键，完成了向上偏移的线。用同样的方法，向下也偏移一条距离 38mm 的线，如图 6-33 所示。

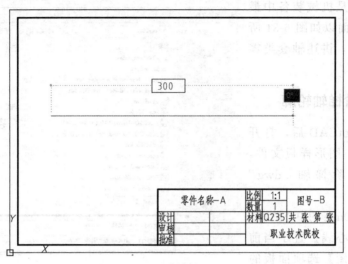

图 6-32　绘制中心线

④ 用上述方法，根据阶梯轴各段的直径尺寸分别偏移出其他尺寸，如图 6-34 所示。

⑤ 在中心线的右端绘制一条竖直线，如图 6-35 所示。

⑥ 根据阶梯轴各段的长度，用【偏移】命令 🔧 来绘制其他竖直线，如图 6-36 所示。

⑦ 修剪线条。用【修剪】命令 -/--- 来修剪各条线段，修剪出阶梯轴的轮廓，如图 6-37 所示。

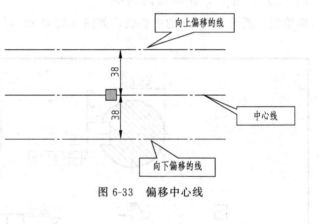

图 6-33　偏移中心线

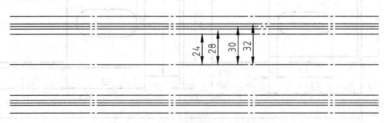

图 6-34　偏移的水平线

⑧ 将阶梯轴的轮廓线转换为粗实线。选择除中心轴线以外的所有线段，然后在图层面板的图层列表中选择【粗实线】层，轮廓线自动变为粗实线，如图 6-38 所示。

⑨ 对阶梯轴两端进行倒角。用【倒角】命令 ◢ 将轴两端的尖锐角倒成 $2 \times 45°$ 的倒角，如图 6-39 所示。

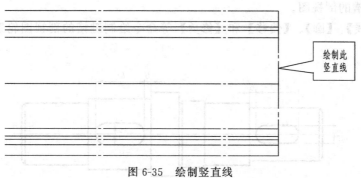

图 6-35　绘制竖直线

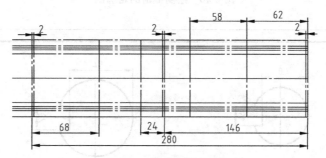

图 6-36　绘制其他竖直线

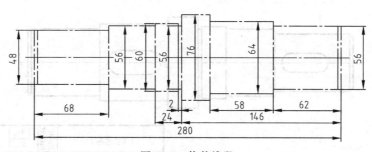

图 6-37　修剪线段

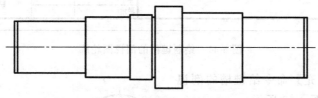

图 6-38　调整线型的图层

⑩ 绘制键槽。用【偏移】、【圆】和【修剪】等命令绘制阶梯轴的键槽，如图 6-40 所示。

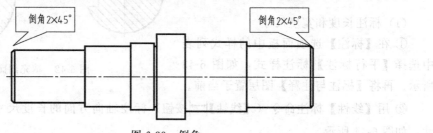

图 6-39　倒角

⑪ 绘制键槽的剖视图。

a. 用【直线】、【圆】、【偏移】和【修剪】等命令绘制键槽的剖视图轮廓线，如图 6-41 所示。

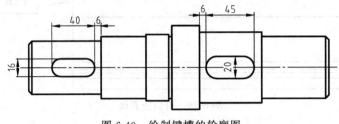

图 6-40　绘制键槽的轮廓图

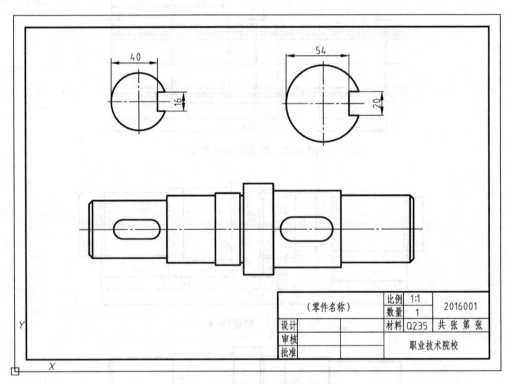

图 6-41　绘制键槽的剖视图轮廓

b. 用【图案填充】命令给键槽的剖视图填充剖面线，如图 6-42 所示。

6.5.2 阶梯轴的标注

（1）标注长度和宽度尺寸

① 在【标注】选项面板中的样式列表中选择【平行标注】标注样式，如图 6-43 所示。再将【标注与注释】图层置于当前。

② 用【线性】标注命令（【线性】├─┤按钮）标注轴向方向的长度尺寸和键槽的相关尺寸，如图 6-44 所示。

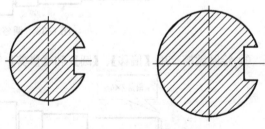

图 6-42　填充剖面线

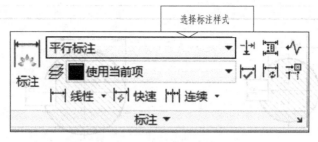

图 6-43　选择标注样式

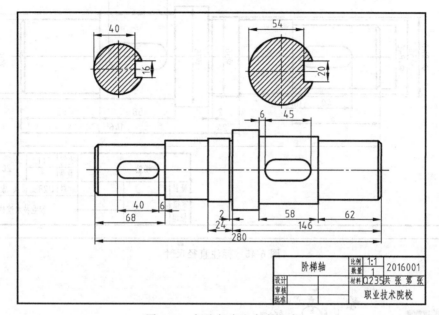

图 6-44　标注长度和宽度尺寸

（2）标注径向直径尺寸

在【标注】选项面板中的样式列表中选择【直径标注】标注样式，用【线性】标注命令标注径向方向的直径尺寸，如图 6-45 所示。

（3）编辑尺寸，给相关尺寸加注公差

① 选择需要标注公差的尺寸，如选择剖面尺寸"40"。

② 在命令行输入 ED↙。

③ 选项面板变为【文字编辑器】后，按键盘的方向键→将光标移到"40"后面，然后输入"0^−0.13"。

④ 选择"0^−0.13"，再单击面板中的【堆叠】按钮$\frac{b}{a}$，"0^−0.13"变为"$^{0}_{-0.13}$"，如图 6-46（a）所示。

⑤ 用上述方法标注其他尺寸的公差，结果如图 6-46（b）所示。

（4）标注形位公差

结合【引线】命令，单击【标注】面板中的【公差】按钮（如图 6-47 所示），先标注基准符号［如图 6-48（a）所示］；再标注键槽的对称度公差及直径 60 阶段的跳动公差，如图 6-48（b）所示。

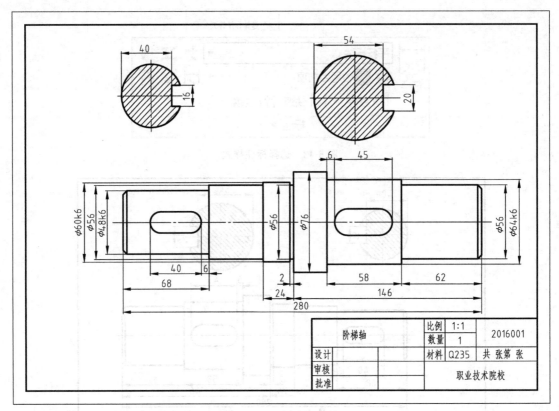

图 6-45　标注直径尺寸

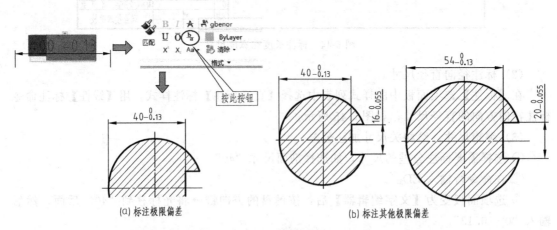

(a) 标注极限偏差　　　　　　　　(b) 标注其他极限偏差

图 6-46　加注公差

图 6-47　形位公差命令

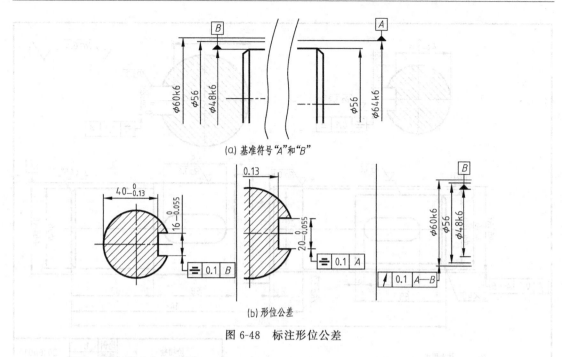

图 6-48　标注形位公差

（5）标注表面粗糙度和倒角尺寸

单击【插入】 按钮，插入表面粗糙度符号，根据各表面的设置表面粗糙度值和倒角尺寸，结果如图 6-49 所示。

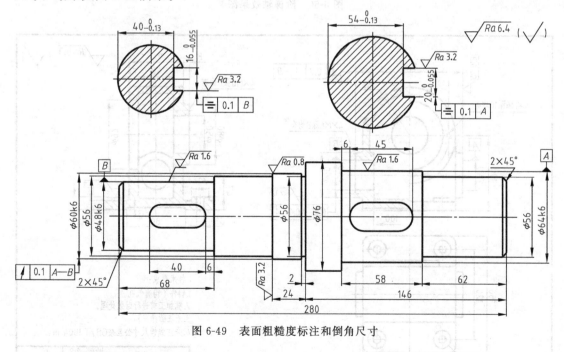

图 6-49　表面粗糙度标注和倒角尺寸

（6）填写技术要求和标题栏

① 用【多行文字】命令在图纸左下角的空白处输入技术要求，如图 6-50 所示。

② 双击标题栏，弹出【增强属性编辑器】，在提示下更改文字，如图 6-50 所示。

完成阶梯轴工程图绘制后，保存"阶梯轴.dwg"图形文件。

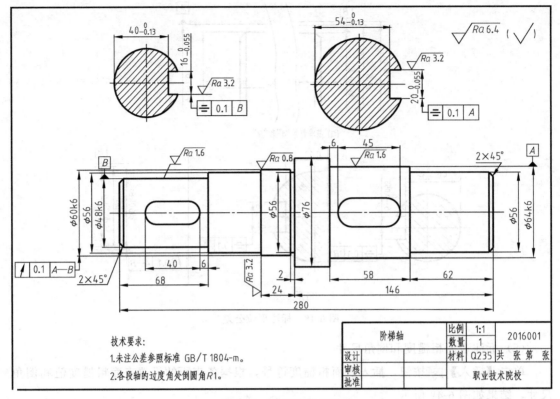

图 6-50   阶梯轴效果图

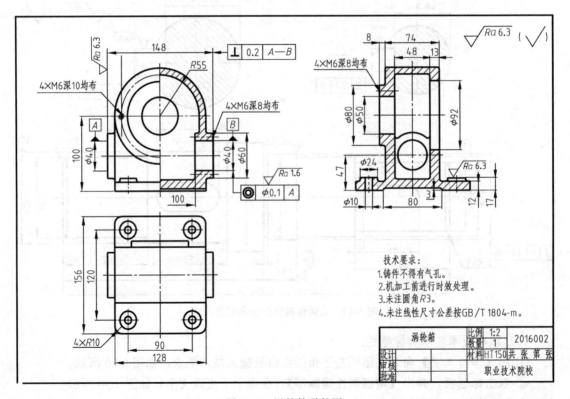

图 6-51   涡轮箱零件图

6.6 箱体类零件图样的绘制

箱体类零件的结构复杂，在工程图样中，需要用多个视图来表达零件的轮廓，在绘制三视图时，须遵守"长对正、高平齐、宽相等"的制图原则。

以涡轮箱零件图样（如图 6-51 所示）的绘制为例介绍箱体类零件的绘制过程。图中的比例为 1：2，首先按 1：1 的比例绘制，轮廓绘制完后再整体缩小 1/2 倍，同时，标注样式的比例也要更改。

① 绘制主视图，尺寸如图 6-51 所示，效果如图 6-52 所示。

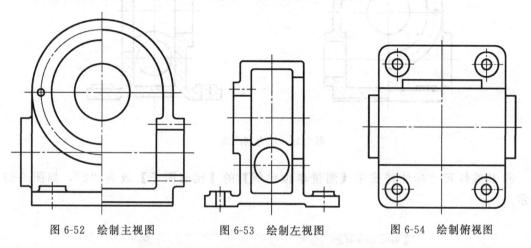

图 6-52　绘制主视图　　　　　图 6-53　绘制左视图　　　　　图 6-54　绘制俯视图

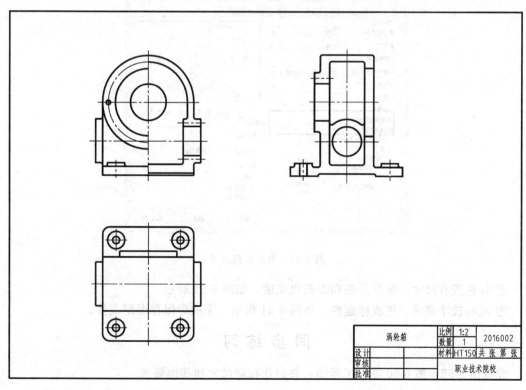

图 6-55　三视图

② 绘制左视图，尺寸如图 6-51 所示，效果如图 6-53 所示。

③ 绘制俯视图，尺寸如图 6-51 所示，效果如图 6-54 所示。

④ 框选三个视图中的所有元素，用【缩放】命令（按钮）将整个图形缩小 1/2，再将三个视图移动到 A3 图框中，如图 6-55 所示。

⑤ 给主视图和左视图填充剖面线，如图 6-56 所示。

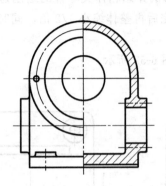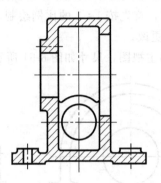

图 6-56　填充剖面线

⑥ 将线性尺寸标注样式中【测量单位比例】的【比例因子】改为 "2"，如图 6-57 所示。

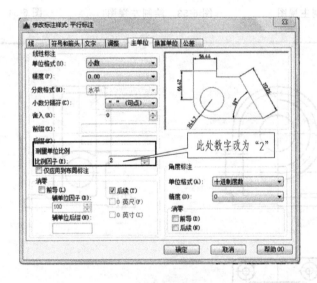

图 6-57　更改比例因子

⑦ 标注所有尺寸、形位公差和表面粗糙度，如图 6-51 所示。

⑧ 填写技术要求，更改标题栏，如图 6-51 所示。完成后保存图形文件。

同 步 练 习

完成图 6-58～图 6-60 零件工程图，并标注相应尺寸和其他要求。

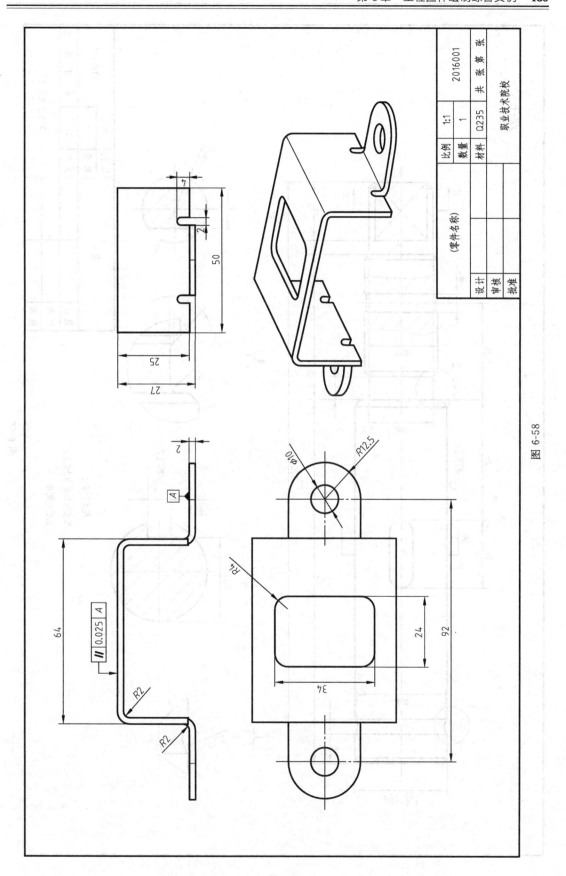

图 6-58

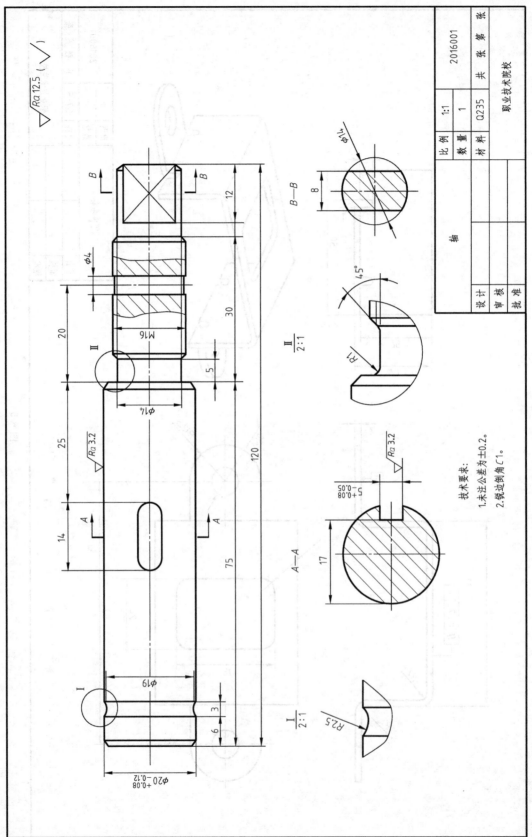

图 6-59

模　数	m	2
齿　数	z	29
齿形角	α	20°
精度等级		7FL
齿圈径向跳动公差	F	0.050
公法线长度公差	F_w	0.028
基节极限偏差	f_{pb}	±0.013
齿形公差	f_r	0.011
公法线长度极限偏差		21.48±0.155
跨齿数		3

比　例	1:1	2016001
数　量	1	共 张　第 张
材　料	HT200	职业技术院校
设　计		直齿圆柱齿轮
审　核		
批　准		

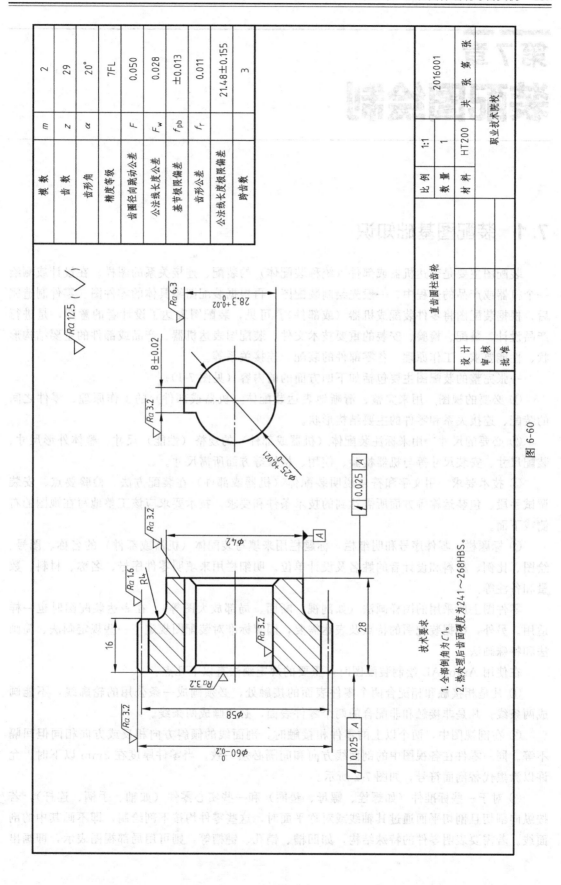

技术要求
1. 全部倒角为C1。
2. 热处理后齿面硬度为241~268HBS。

图 6-60

第 7 章
装配图绘制

7.1 装配图基础知识

装配图主要是表达机器或部件（统称装配体）的装配、连接关系的图样。在设计或测绘一个机器或产品的过程中，一般先绘制装配图，再根据装配图绘具体的零件图。零件制造完后，根据装配图将零件装配成机器（或部件）。可见，装配图表达了设计者的意图，是进行产品设计、装配、检验、安装的重要技术文件。装配图表达机器、产品或部件的主要结构形状、性能要求、工作原理、各零部件的装配、连接关系等。

一张完整的装配图主要包括如下四方面的的内容（见图 7-1）。

① 必要的视图　用来完整、清晰地表达装配体（机器或部件）的工作原理、零件之间的装配、连接关系和零件的主要结构形状。

② 必要的尺寸　用来标注装配体（机器或部件）的规格（性能）尺寸、整体外形尺寸、装配尺寸、安装尺寸等与机器检验、使用、检修等方面所需尺寸。

③ 技术要求　用文字和符号说明装配体（机器或部件）在装配方法、检验要点、安装调试手段、包装运输等方面所需达到的技术条件和要求。技术要求应该工整地写在视图的右侧或下面。

④ 标题栏、零件序号和明细栏　标题栏用来填写装配体（机器或部件）的名称、图号、绘图、比例、材料和设计者的姓名及设计单位。明细栏用来填明零件序号、名称、材料、数量和备注等。

零件图上所采用的图样画法（如剖视、断面、局部放大图等），在表达装配图时也一样适用。另外，根据装配图的特点及表达需要，国家标准对装配图规定了一些规定画法、简画法和特殊画法。

在使用 AutoCAD 绘制装配图时，重要的规定画法有以下几点：

① 凡是相接触和相配合两个零件表面的接触处，必须画成一条公用的轮廓线，不能画成两条线；凡是非接触和非配合的两个零件表面，必须画成两条线。

② 在剖视图中，两个以上的零件相接触时，剖面线的倾斜方向相反或方向相同但间隔不等。同一零件在各视图中的剖面线方向和间隔必须一致。当零件厚度在 2mm 以下时，允许以涂黑代替剖面符号，如图 7-2 所示。

③ 对于一些标准件（如螺栓、螺母、垫圈）和一些实心零件（如轴、手柄、连杆），若按纵向剖切且剖切平面通过其轴线或对称平面时，这些零件均按不剖绘制，即不画其中的剖面线。若需要表明零件的特殊结构，如凹槽、销孔、键槽等，则可用局部视图表示，即画出

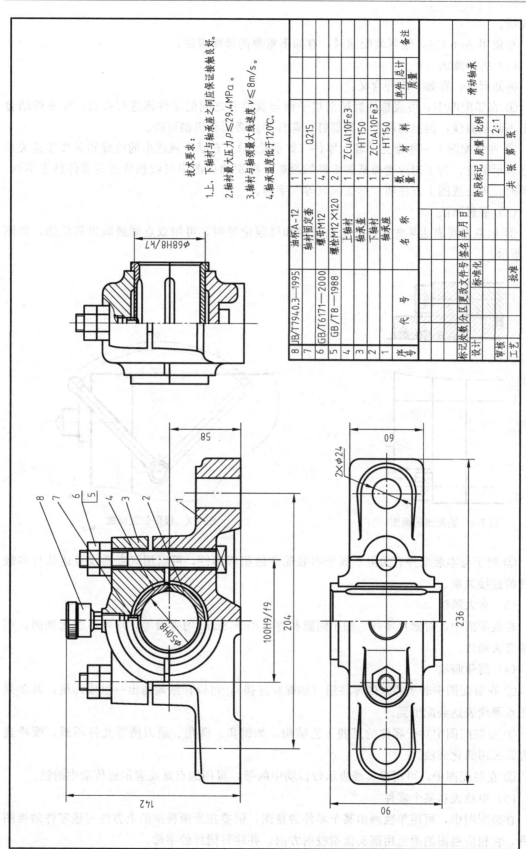

图 7-1 滑动轴承的装配图

剖面线。

在使用 AutoCAD 绘制装配图时，有如下重要的特殊画法：

（1）拆卸画法

拆卸画法，有如下两种含义：

① 在装配图中，可假想地拆掉剖切平面与观察者之间的零件再进行投射，在零件结合面上不画剖面线，但被切部分（如螺钉、螺杆等）必须画出剖面线。

② 在装配图上一些常见的较大零件（如手轮等），在某个视图中的位置和重要连接关系等已表示清楚，为了避免遮盖某些零件的投影，在别的视图中可假想将某些零件拆去不画。必要时，可在视图上方注明"拆去××等"字样。

（2）假想画法

① 如果需要表达某些零件的运动范围和极限位置时，可用双点画线画出其轮廓，如图7-3 所示。

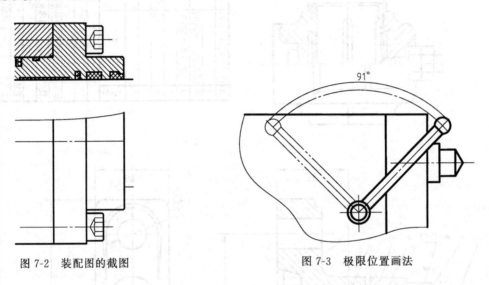

图 7-2　装配图的截图　　　　　　　　图 7-3　极限位置画法

② 对于与本装配件有关但不属于本装配件的相邻部件，可以用双点画线表达其与本装配件的连接关系。

（3）夸大画法

在装配图中，对薄片零件、细小间隙和直径小于 2mm 的弹簧等，均可不按比例画，而采用夸大画法。

（4）简化画法

① 在装配图中若干相同的零件组（如螺栓连接），可以详细地画出一组或几组，其余只需用点画线表达装配位置。

② 在装配图中对于零件的某些工艺结构，如倒角、圆角、退刀槽等允许不画，螺栓连接允许采用简化画法。

③ 在装配图中，可用粗实线表示带传动中的带，可用细点画线表示链传动中的链。

（5）单独表达某个零件

在装配图中，可用单独画出某个零件的视图。但要在所画视图的上方注写该零件的视图名称，在相应视图的附近用箭头指明投射方向，并注写同样的字母。

7.2 绘制装配图的常用方法

在使用 AutoCAD 绘制装配图时，主要有以下三种方法：

① 直接绘制法　直接根据图样进行绘制。

② 拼装绘制法　首先绘制出具体的零件图，然后将零件图定义为图块文件或者附属图块文件，然后再按零件间的相对位置关系拼绘成装配图。

③ 由三维模型装配图通过投影的方式生成二维装配图。

本章主要介绍直接绘制法和拼装绘制法两种绘制装配图的方法。

7.2.1 直接绘制法

对于一些比较简单的装配图，可以直接利用 AutoCAD 的二维绘图工具、编辑工具等，按照手工绘制装配图的绘图步骤将其绘制出来，与零件图的绘制方法一模一样。在绘制过程中，要充分利用"对象捕捉""正交"等绘图辅助工具以提高绘图的准确性，并通过对象追踪和构造线来保证视图之间的投影关系。

7.2.2 拼装绘制法

拼装绘制法：首先绘制出各个零件的零件图，然后将零件图定义为图块文件或者附属图块，然后再按零件间的相对位置关系拼绘成装配图。主要有四种常用的方法：复制-粘贴；插入图块；插入文件；插入外部引用文件。

方法一：用复制-粘贴法绘制装配图。

操作步骤如下：

① 根据零件的尺寸绘制出装配图中的具体零件图，不标注尺寸。

② 设定装配图所需的图幅，画出图框、标题栏等，设置其绘图环境。

③ 将装配图所需的具体零件图形复制到剪贴板，然后粘贴到装配图中。

④ 按零件图间的相对位置关系修改粘贴后的装配图，删掉多余的线段，补画上漏掉的线段。

⑤ 标注装配图的主要尺寸和配合尺寸，填写标题栏、明细表、技术要求等，完成装配图。

这种方法的缺点是：由于粘贴时插入点不是唯一的，应先将零件图粘贴在图框外，再利用移动命令将其移动到所需的位置上。

方法二：用插入块的方法绘制装配图。

操作步骤如下：

① 根据零件的尺寸绘制出装配图中的具体零件图，不标注尺寸，分别定义成块。

② 设定装配图所需的图幅，画出图框、标题栏等，设置其绘图环境。

③ 用插入图块的方式分别将具体的零件图插入到装配图中。

④ 将图块分解打散，按装配关系修改装配图。

⑤ 标注装配图的主要尺寸和配合尺寸，填写标题栏、明细表、技术要求等，完成装配图。

这种方法的优点是：图块定义有插入基点，在插入装配图时容易找准位置。

方法三：用插入文件的方法绘制装配图。

操作步骤如下：

① 根据零件的尺寸绘制出装配图中的具体零件图，不标注尺寸。

② 将具体的零件图形定义插入基点（选择菜单【绘图】→【块】→【基点】命令），分别保存文件。

③ 设定装配图所需的图幅，画出图框、标题栏等，设置其绘图环境。

④ 选择菜单【插入】→【块】命令，在弹出的【插入】对话框中，单击【浏览】按钮，如图 7-4 所示，弹出如图 7-5 所示的【选择图形文件】对话框，在【选择图形文件】对话框中选取要插入的零件图，单击【打开】按钮，即可将具体的零件图形依次插入到装配图中。

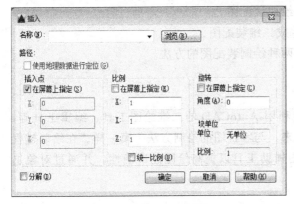

图 7-4 【插入】对话框   图 7-5 【选择图形文件】对话框

⑤ 将需要修改的图形文件用【分解】命令打散（即每个插入的图形均为一个图块，需要分解打散后才能修改），按装配关系修改图形。

⑥ 标注装配图的主要尺寸和配合尺寸，填写标题栏、明细表、技术要求等，完成装配图。这种方法的优点与插入图块的方法一样。

方法四：用插入外部引用文件的方法绘制装配图。

外部参照：在绘制工程图时，为了减少重复的绘图工作，经常会将一整张图形引用在另一张图形中。外部引用有两种形式：一种是把外部图形文件定义为公共图块，插入到当前的图形中；另一种是通过外部参照命令，把外部图形文件引入到当前的图形文件中。

把外部图形文件定义为公共图块的操作步骤如下：

① 命令行输入：wblock↙，或者在【工具栏】单击【插入】→【创建块】→【写块】按钮。

② 弹出【写块】对话框，在【写块】对话框中单击【拾取点】按钮，在绘图区域拾取图形的基点，单击【选择对象】按钮，在绘图区域选择图形文件对象，单击【文件名和路径】右侧的按钮，可更改文件存储路径和文件名，单击【确定】按钮，完成公共图快的定义，如图 7-6 所示。

图 7-6 【写块】对话框

把外部图形文件引入到当前的图形文件中的操作步骤如下：

① 根据零件的尺寸绘制出装配图中的具体零件图，不标注尺寸。

② 将具体的零件图形定义位公共图块（用 wblock 命令，或者在【工具栏】单击【插

入】→【创建块】→【写块】按钮），分别保存文件。

③ 设定装配图所需的图幅，画出图框、标题栏等，设置其绘图环境。

④ 选择菜单【插入】→【块】命令，在弹出的【插入】对话框中，单击【浏览】按钮，如图 7-4 所示，弹出如图 7-5 所示的【选择图形文件】对话框，在【选择图形文件】对话框中选择要插入的零件图，单击【打开】按钮，即可将各个零件图形依次插入到装配图中。

⑤ 将所需修改的图形文件用【分解】命令打散（即每个插入的图形均为一个图块，需要分解打散后才能修改），按装配关系修改图形。

⑥ 标注装配图的主要尺寸和配合尺寸，填写标题栏、明细表、技术要求等，完成装配图。

7.3　标注尺寸与注写技术要求

7.3.1　标注尺寸

绘制完装配图后，只需标注与装配体性能、装配、安装、运输等有关的尺寸。装配图不需像零件图那样标注出所有的尺寸。

（1）总体（外形）尺寸

表示机器或部件的总长、总宽、总高三个方向的尺寸。它反映了装配体所占空间的大小，作为包装、运输和安装平面布置的依据。

（2）性能（或规格）尺寸

表示机器或部件的性能或规格的尺寸。这类尺寸作为设计的一个重要数据，也是用户选择产品的主要依据。

（3）装配尺寸

表示机器或部件中各个零件之间的相互配合关系和相对位置所需的尺寸。装配尺寸由两部分组成，一部分是各个零件之间的配合尺寸；另一部分是与装配有关的零件之间的相对位置尺寸。

（4）安装尺寸

表示机器或部件安装到其他设备上或地基上或与其他机器或部件连接所需要的尺寸。

（5）其他重要尺寸

在机器设计时，经过计算或根据某种需要而确定的，而又为包括在上述几类尺寸之中的尺寸。如液压油缸的活塞杆的行程 240。

以上五类尺寸，并不是所有机器或部件的装配图都需全部标注出这五类尺寸，应根据机器或部件的构造情况确定标注。

7.3.2　注写技术要求

由于机器或部件的性能、要求各部相同，因此其技术要求也不同。注写技术要求时，主要从以下几个方面来考虑：

① 装配要求　机器或部件在装配过程中需注意的事项及装配后应达到的要求，如液压油缸里紧固螺钉与活塞装配好后，在活塞配作螺钉面打样冲眼。

② 检验要求　对机器或部件基本性能的检验、试验条件和操作时的要求。

③ 使用要求　对机器或部件的规格、参数及维护、保养、使用时的注意事项和涂饰要求。

7.4 编排零件序号与绘制明细栏

7.4.1 编排零件序号

装配图一般比较复杂，包含的零件种类和数目也比较多，为了在设计和生产过程中，方便读图和图样管理，装配图上所有的零、部件都必须编写序号，并在标题栏上方将零、部件的序号、名称、材料、数量等填写在明细栏中。

编写零件序号的方法如下：

① 装配图中每个零、部件都必须编写序号，并与明细栏中的序号保持一致。

② 装配图中所有的零、部件只编写一个序号且一般只标注一次，同一张装配图中相同的零、部件应编写成同一个序号。

③ 序号由点、指引线（细实线）、横线（或圆圈）和序号数字构成。在所指零、部件的可见轮廓内画一圆点，再从圆点开始画指引线（细实线），然后在指引线的另一端画出一水平线或圆（细实线），并在水平线上或圆内注写序号，序号的字高比该装配图中所注尺寸数字的高度大一号或两号。若所指部分（很薄的零件或涂黑的剖面）内不便画圆点时，可在指引线的末端画出箭头，并指向该部分的轮廓，如图 7-7 所示。注意：但在同一装配图中，编写序号的形式应一致。

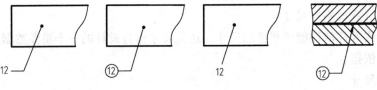

图 7-7 序号的标注方法

④ 指引线相互不能相交，当通过有剖面线区域时，指引线尽量不要与剖面线平行，必要时，指引线可以画成折线，但只允许曲折一次。

⑤ 一组紧固件或其他装配关系清楚的零件组，可以采用合并指引线，如图 7-8 所示。

⑥ 装配图中的标准化组件（如

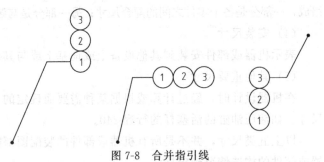

图 7-8 合并指引线

油杯、滚动轴承、电动机等）可看作为一个整体，只标注一个编号。

⑦ 装配图中零部件的序号应按顺时针或逆时针水平（垂直）方向顺次排列整齐。

7.4.2 绘制明细栏

AutoCAD 提供了两种绘制表格的方法：一种是选择菜单用【绘图】→【表格】命令绘制表格；另一种是单击【工具】→【选项板】→【工具选项板】上的表格按钮绘制表格。这里介绍用【绘图】→【表格】命令绘制表格的方法。

输入命令的方式：

方法一：选择菜单【绘图】→【表格】命令 ⊞ 表格… 。

方法二：单击显示面板【默认】→【表格】 ⊞ 。

弹出【插入表格】对话框，如图7-9所示。

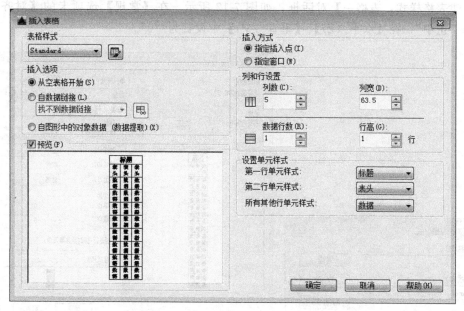

图7-9　【插入表格】对话框

【插入表格】对话框界面介绍：

【表格样式】默认为"Standard"，单击右侧的 🖼 按钮，可弹出【表格样式】对话框，如图7-10所示。

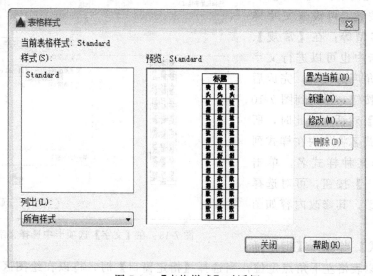

图7-10　【表格样式】对话框

创建新的表格样式的步骤如下：

① 选择【表格】命令。在弹出【插入表格】对话框中，　【表格样式】默认为"Standard"，单击右侧的 🖼 按钮。

② 在弹出的【表格样式】对话框右侧单击 新建(N)... 按钮，弹出【创建新的表格样式】对话框，如图 7-11 所示。

③ 在【新样式名】文本框中输入新的表格样式名称"表格一"，单击【继续】按钮，弹出【新建表格样式：表格一】对话框，如图 7-12 所示。在【常规】选项卡的【对齐（A）】中选择"正中"，在【水平（Z）】、【垂直（V）】中设置为"0"。

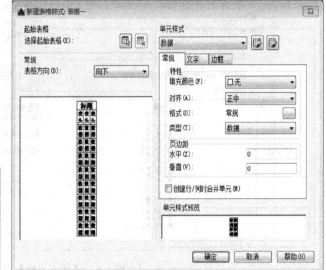

图 7-11 【创建新的表格样式】对话框   图 7-12 【新建表格样式：表格一】对话框

④ 在【文字】选项卡可选择文字样式，单击【文字样式（S）】右侧的【...】按钮，可设置文字样式的字体、字型等；在【常规】、【边框】选项卡中也可以进行文字高度、颜色、角度的设置，完成后单击【确定】按钮，返回到图 7-10 的【表格样式】对话框。此时，所设置的表格样式名将出现在样式列表框中。选择某种样式名，单击【修改（M）...】按钮，可对选择的样式进行修改，其修改内容如图 7-13 所示。

图 7-13 在【文字】选项卡中选择文字样式

【插入方式】当选择【指定插入点】时，将以表格左下角点定位；当选择【指定窗口】时，将以在绘图区指定第一个角点，指定第二个角点画出窗口来定位表格。

【列和行设置】指定列数（C）、列宽（D）、数据行数（R）、行高（G）（默认为"1"，由文字高度决定）。

绘制表格的步骤如下：

① 选择【表格】命令。弹出【插入表格】对话框，在【表格样式】下拉列表中选择样式名。

② 在【列和行设置】、【设置单元样式】中进行相应的设置，单击【确定】按钮。

③ 在【设置单元样式】中将【第一行单元样式】、【第二行单元样式】设置为"数据"。如图 7-14 所示。

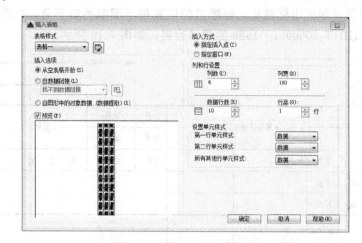

图 7-14　【插入表格】对话框

④ 返回到绘图区，选择表格的定位点。弹出【文字编辑器】对话框，选择某种文字样式后，便可进行填写表格内容，如图 7-15 所示。

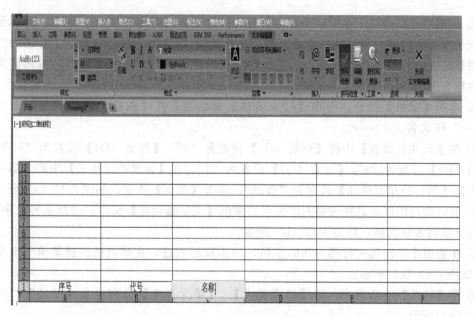

图 7-15　填写表格内容

a.【数据行】指的是数据的行数，不包括第一行和第二行。

b. 在绘制明细栏时可将【第一行单元样式】和【第二行单元样式】设置为"数据"。

c. 在绘图区指定表格插入点后，所设置的表格将自动画出，光标出现在第一行的第一列中，并自动打开【文字编辑器】窗口，等待用户输入表格文字。按 Tab 键可将光标移动到下一列输入，按 Enter 键可将光标移动到下一行输入。

　　d. 对表格中已输入的文字进行修改时，双击文字即可打开【文字编辑器】窗口进行修改。

　　e. 用"表格"命令创建的表格是规范的，即表格的各行各列尺寸相同。

　　装配图中的标题栏和明细栏都可以采用绘制表格的方法进行编制。

　　绘制标题栏的一般规则如下：

　　① 每张图样都必须画出标题栏，标题栏的位置位于图纸的右下角，标题栏的规格和尺寸应按国家标准 GB/T 10609.1—1989 的规格绘制，如图 7-16 所示。

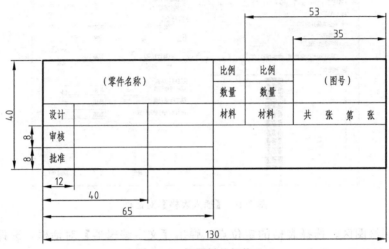

图 7-16　标题栏的规格

　　② 标题栏的长边置于水平方向并与图形的长边平行时，则构成 X 型图纸。若标题栏的长边置于水平方向并与图形的长边垂直时，则构成 Y 型图纸。在此情况下，看图的方向与看标题栏的方向一致。装配图的标题栏和零件图的标题栏可以一样，外框左右两侧为粗实线，内框为细实线。

　　③ 选择【表格】命令。弹出【插入表格】对话框，在【表格样式】下拉列表中选择"表格一"样式名。

　　④ 在【列和行设置】中将【列数（C）】设置为"6"，【列宽（D）】设置为"12"，【数据行列（R）】设置为"3"，【行高（G）】设置为"1"，在【设置单元样式】中将【第一行单元样式】、【第二行单元样式】设置为"数据"，单击【确认】按钮，如图 7-17（a）所示。

　　⑤ 返回到绘图区，选择表格的定位点。弹出【文字编辑器】窗口，选择某种文字样式，便可进行填写表格内容，如图 7-17（b）所示。

　　⑥ 在表格中单击第一行第一列的空格，单击鼠标右键，在弹出的快捷菜单中选择【特性】，如图 7-17（c）所示。

　　⑦ 在【特性】对话框中，将【单元宽度】、【单元高度】分别设置为"12""8"，如图7-17（d）所示。

　　⑧ 单击第一行第二列的空格，按照标题栏的尺寸要求设置【单元宽度】【单元高度】，以此类推重复操作，即完成如图 7-17（e）所示的表格。

　　⑨ 单击第一行第一列的空格右下角并拖动至如图 7-17（f）所示处。

　　⑩ 单击鼠标右键，在弹出的快捷菜单中选择【合并】→【全部】，也可在【表格】对话框中进行多次操作，如图 7-17（g）所示。

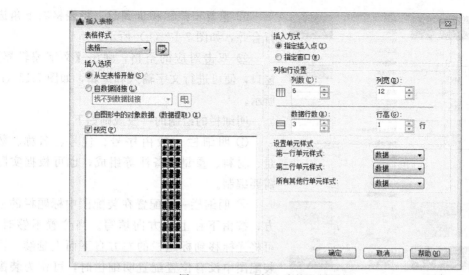

图 7-17（a） 【插入表格】对话框

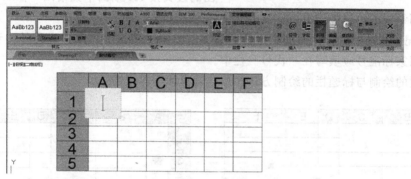

图 7-17（b） 表格内容

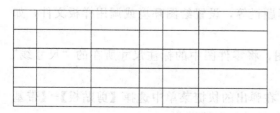

图 7-17（c） 选择所需的空格

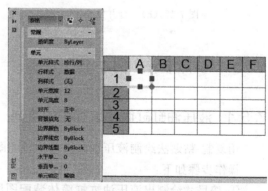

图 7-17（d） 【特性】对话框

图 7-17（e） 完成的表格

图 7-17（f） 选择所需表格

图 7-17（g）　合并空格

⑪ 重复步骤⑨和步骤⑩，将表格右下角进行合并，如图 7-17（h）所示。

⑫ 双击对应的空格，弹出【文字编辑器】窗口，便可进行文字输入和编辑，如图 7-17（i）所示。

明细栏的绘制的一般规则如下：

① 明细栏一般由序号、代号、名称、数量、材料、重量、备注等组成，也可根据实际需要编制。

② 明细栏一般配置在装配图中标题栏的上方，按由下往上的方向填写。当位置不够时，可将光标移到标题栏的左方自下而上延续。当装配图中没有位置配置明细栏时，可作为装配图的续页按 A4 幅面单独给出，但顺序是由上而下延伸。明细栏的边框竖线为粗实线，其余均为细实线。

③ 装配图中的标准件，明细栏中的"名称"栏除了填写零、部件名称外，还有填写其规格，而国家标准号应填写在"代号"栏中。

明细栏的绘制与标题栏的绘制方法相似，这里就不再叙述了。

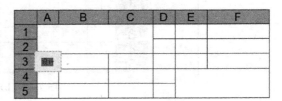

图 7-17（h）　合并空格　　　　　图 7-17（i）　【文字编辑器】窗口

7.5　装配图绘制示例

7.5.1　液压油缸缸筒体装配图的绘制

用复制-粘贴法绘制液压油缸缸筒体装配图。

操作步骤如下：

① 按尺寸绘制出液压油缸缸筒体装配图所需的各个零件图，包括管接头座、缸筒、法兰盘，如图 7-18（a）～（c）所示。

② 设置装配图需要的图幅，画出图框、标题栏等，设置绘图环境或调用样板文件，如图 7-18（d）所示。

③ 这里以缸筒零件为列。打开缸筒零件图，将零件图中的标注尺寸所在的"尺寸线"图层关闭，如图 7-18（e）所示。

④ 选中缸筒零件的视图，单击鼠标右键，在弹出的快捷菜单中选择【剪贴板】→【带基点复制】，在缸筒零件的视图中选择基点，如图 7-18（f）所示。

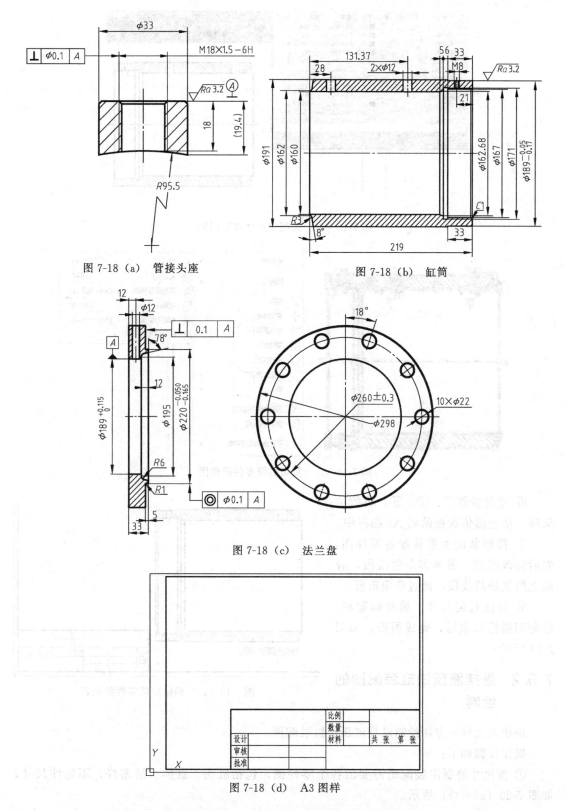

图 7-18（a）　管接头座

图 7-18（b）　缸筒

图 7-18（c）　法兰盘

图 7-18（d）　A3 图样

⑤ 打开 A3 样板图，在空白处单击鼠标右键，在弹出的快捷菜单中选择【剪贴板】→【粘贴】，在绘图区指定插入点便可将缸筒零件的视图粘贴到 A3 样板图中，如图 7-18（g）所示。

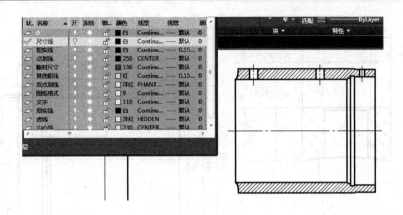

图 7-18 (e) 关闭"尺寸线"图层

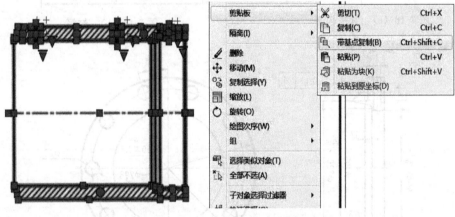

图 7-18 (f) 复制缸筒零件的视图

⑥ 重复步骤③、④、⑤，将管接头座、法兰盘依次粘贴到 A3 图样中。

⑦ 按照装配关系装配各零件图，然后修改图形，剪掉多余的线段，补画上所欠缺的线段，此过程很重要。

⑧ 标注装配尺寸，填写标题栏、绘制明细栏和填写，完成图形，如图 7-19 所示。

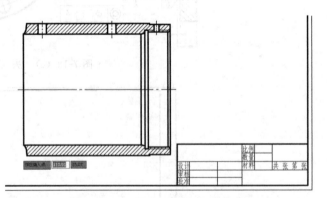

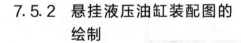

图 7-18 (g) 粘贴缸筒零件的视图

7.5.2 悬挂液压油缸装配图的绘制

用插入文件的方法绘制悬挂液压油缸装配图。

操作步骤如下：

① 按尺寸绘制出装配图需要的各个零件图，包括缸头、缸体、活塞杆，不标注尺寸，如图 7-20 (a)～(c) 所示。

② 以缸体零件为例。打开缸体零件图，选择菜单【绘图】→【块】→【基点】命令，在绘图区域中指定插入基点，如图 7-20 (d) 所示。

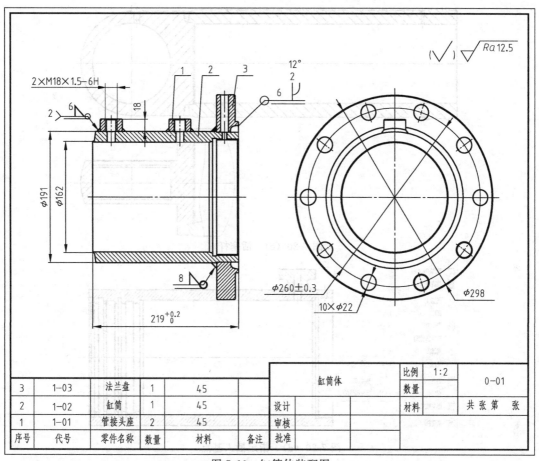

3	1-03	法兰盘	1	45				缸筒体		比例	1:2	0-01
2	1-02	缸筒	1	45						数量		
1	1-01	管接头座	2	45		设计				材料		共 张 第 张
序号	代号	零件名称	数量	材料	备注	审核						
						批准						

图 7-19 缸筒体装配图

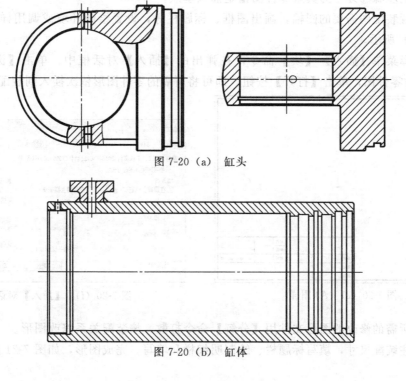

图 7-20 （a） 缸头

图 7-20 （b） 缸体

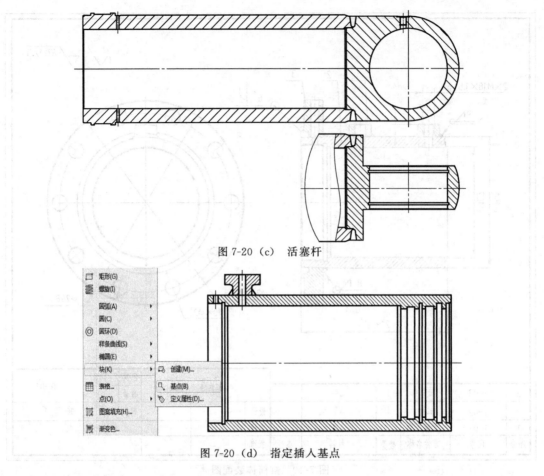

图 7-20（c）　活塞杆

图 7-20（d）　指定插入基点

③ 重复步骤②逐一为其余零件图指定插入基点。

④ 设置装配图需要的图幅，画出图框、标题栏等，设置绘图环境或调用样板文件，如图 7-20（e）所示。

⑤ 选择菜单【插入】→【块】命令，在弹出的【插入】对话框中，单击【浏览】按钮，插入所需的零件图，单击【打开】按钮，即可将所需的零件图形依次插入到装配图中。

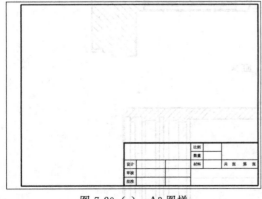

图 7-20（e）　A3 图样

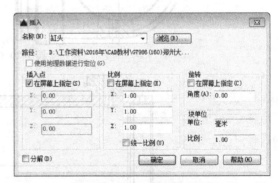

图 7-20（f）　【插入】对话框

⑥ 将所需的修改的图形文件用【分解】命令打散，按装配关系修改图形。

⑦ 标注装配尺寸，填写标题栏、绘制明细栏和填写，完成图形，如图 7-21 所示。

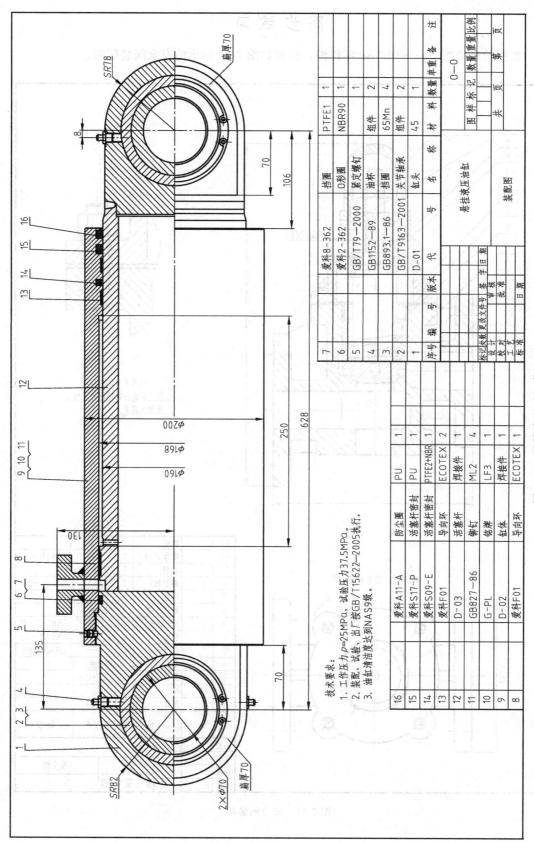

技术要求:
1. 工作压力 p=25MPa, 试验压力37.5MPa。
2. 装配、试验、出厂按GB/T15622—2005执行。
3. 油缸清洁度达到NAS9级。

图 7-21 悬挂液压油缸装配图

7		挡圈	爱科8-362	PTFE1	1		
6		O形圈	爱科2-362	NBR90	1		
5		紧定螺钉	GB/T79—2000		1		
4		油杯	GB1152—89	组件	2		
3		挡圈	GB893.1—86	65Mn	4		
2		关节轴承	GB/T9163—2001	组件	2		
1		缸头	D-01	45	1		
序号	代 号	名 称		材 料	数量	单重	备 注
						重量	

悬挂液压油缸

装配图

	版本					图样标记	数量	重量	比例
						0—0			
编号	更改文件号	签字	日期						
标记 处数							共 页	第 页	
设 计									
校 对									
工 艺									
标 准									
审 核									
批 准									
日 期									

16	防尘圈	爱科A11-A	PU	1
15	活塞杆密封	爱科S17-P	PU	1
14	活塞杆密封	爱科S09-E	PTFE2+NBR	1
13	导向环	爱科F01	ECOTEX	2
12	活塞杆	D-03	焊接件	1
11	铆钉	GB827—86	ML2	4
10	铭牌	G-PL	LF3	1
9	缸体	D-02	焊接件	1
8	导向环	爱科F01	ECOTEX	1

同 步 练 习

根据给出的图 7-23~图 7-30 零件图，绘制如图 7-22 所示的安全阀装配图。

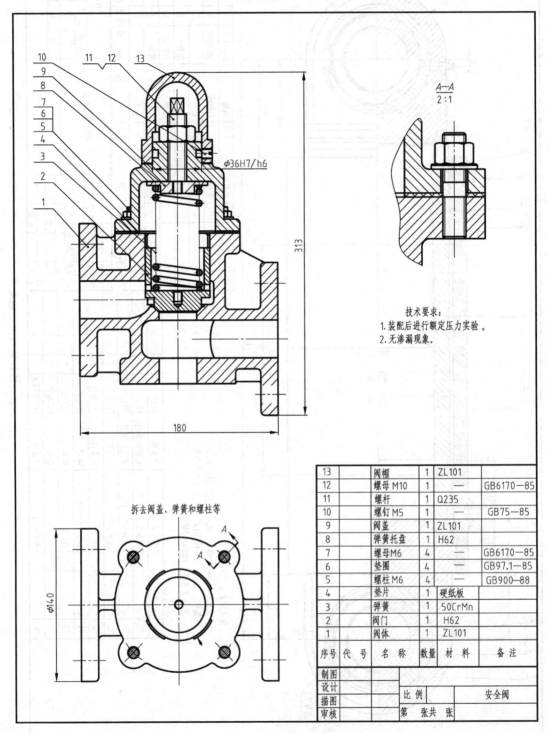

技术要求：
1.装配后进行额定压力实验。
2.无渗漏现象。

13		阀帽	1	ZL101	
12		螺母 M10	1	—	GB6170—85
11		螺杆	1	Q235	
10		螺钉 M5	1	—	GB75—85
9		阀盖	1	ZL101	
8		弹簧托盘	1	H62	
7		螺母M6	4	—	GB6170—85
6		垫圈	4	—	GB97.1—85
5		螺柱 M6	4	—	GB900—88
4		垫片	1	硬纸板	
3		弹簧	1	50CrMn	
2		阀门	1	H62	
1		阀体	1	ZL101	
序号	代 号	名 称	数量	材 料	备 注
制图					
设计			比 例		安全阀
描图					
审核			第 张共 张		

图 7-22 安全阀装配

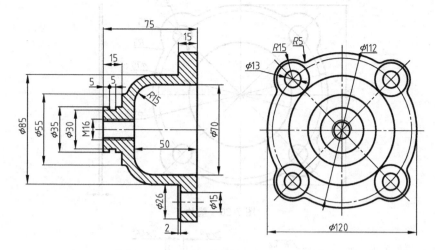

图 7-23　阀盖

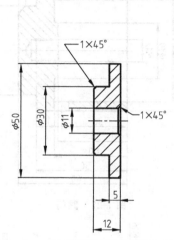

图 7-24　弹簧托盘

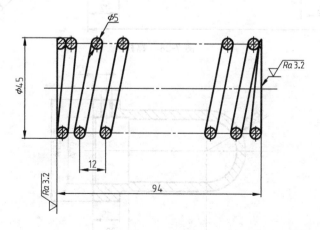

图 7-25　弹簧

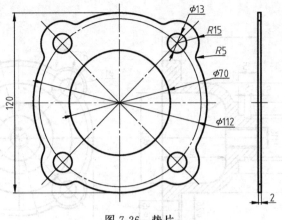

图 7-26　垫片

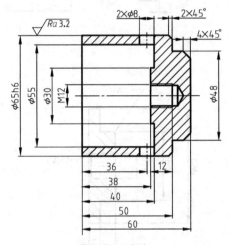

图 7-27　阀门

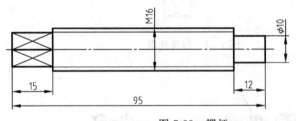

图 7-28　螺杆

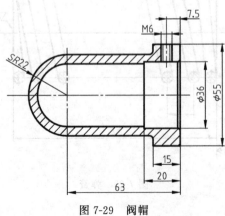

图 7-29　阀帽

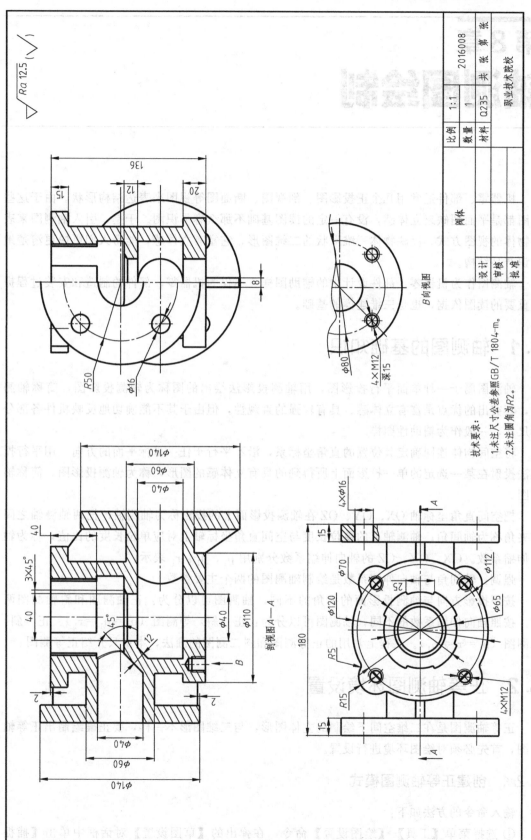

$\sqrt{Ra\ 12.5}(\sqrt{\ })$

技术要求:
1.未注尺寸公差参照 GB/T 1804—m。
2.未注圆角为 R2。

图 7-30 阀体

B 向视图

剖视图 A—A

比例	1:1		2016008
数量	1		共 张 第 张
材料	Q235		职业技术院校

阀体

设 计
审 核
批 准

第 8 章
轴测图绘制

机器零、部件通常用几个正投影图、剖视图、断面图等视图来表达结构形状。由于这些视图都是平面图缺乏立体感，没有一定的读图基础不那么容易识图。于是，引入轴测图来表达物体的视图方式，反映物体三维形状的二维图形，它富有立体感，能帮人们更快更清楚地认识产品结构。

轴测图作为机器零、部件设计中的辅助图样，不仅为机器零、部件的制造和安装过程提供重要的读图依据，也是三维建模的基础。

8.1 轴测图的基础知识

轴测图属于一种单面平行投影图，用轴测投影法绘出的图称为轴测投影图，简称轴测图，其突出的优点是富有立体感、具有较强的直观性，但由于其不能确切地反映机件各部分的尺寸，一般作为辅助性图样。

将空间物体连同确定其位置的直角坐标系，沿不平行于任一坐标平面的方向，用平行投影法投射在某一选定的单一投影面上所得到的具有立体感的图形，称为轴测投影图，简称轴测图。

把空间直角坐标轴 OX、OY、OZ 在轴测投影面上的投影称为轴测轴；把两轴测轴之间的夹角称为轴间角；轴测轴上的单位长度与空间直角坐标轴上对应单位长度的比值，称为轴向伸缩系数。OX、OY、OZ 的轴向伸缩系数分别用 p_1、q_1、r_1 表示。

强调：轴间角与轴向伸缩系数是绘制轴测图的两个主要参数。

按照投影方向与轴测投影面的夹角的不同，轴测图可以分为：正轴测图和斜轴测图两类。按照轴向伸缩系数的不同，轴测图可以分为：正（斜）等测图（$p_1 = q_1 = r_1$）、正（斜）二测图（$p_1 = r_1 \neq q_1$）。工程上常用的正等测图和斜二测图的画法，本章只介绍正等测图。

8.2 正等轴测图环境设置

正等轴测图是在二维空间下绘制的立体图形，与三维图形不一样，要正确绘制出正等轴测图，首先必须对绘图环境进行设置。

8.2.1 创建正等轴测图模式

输入命令的方法如下：

① 选择菜单【工具】→【绘图设置】命令，在弹出的【草图设置】对话框中单击【捕捉

和栅格】选项。

　　② 在状态栏【捕捉模式】按钮上单击鼠标右键，在弹出的快捷菜单中单击【捕捉设置】选项，在弹出的【草图设置】对话框中单击【捕捉和栅格】选项。

　　执行正等轴测图的步骤如下：

　　① 执行设置正等轴测图命令。

　　② 在弹出的【草图设置】对话框中单击【捕捉和栅格】选项。在【捕捉类型】选项组中，选择【等轴测捕捉】选项，如图 8-1 所示。

　　③ 单击【极轴追踪】选项卡，选中【启用极轴追踪】选项框，在【极轴角设置】选项组中设置【增量角】为"30"。在【对象捕捉追踪设置】选项组中，选择【用所有极轴角设置追踪】选项，如图 8-2 所示。

图 8-1　【草图设置】对话框

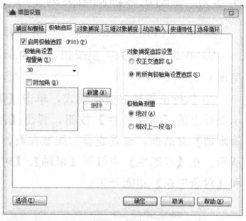

图 8-2　极轴追踪

　　④ 单击【草图设置】对话框中的【确定】按钮，完成正等轴测图的创建，启用了正等轴测的捕捉模式，在绘图区的光标显示如图 8-3 所示。

8.2.2　等轴测的切换

　　正等轴测投影的三个坐标平面，分为顶面、左面、右面。正等轴测上的三个轴分别与水平方向成 30°、60°、90°。

　　绘制等轴测图是需要不断地在顶面、左面、右面三个平面之间切换。切换平面的快捷键是按 F5 或 Ctrl＋E 键。

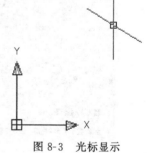

图 8-3　光标显示

8.3　绘制正等轴测图

8.3.1　等轴测图线条绘制

　　在执行正等轴测捕捉模式绘制等轴测图时，需要打开正交模式，方便绘图。在等轴测模式下绘制的图形通常为直线和椭圆（等轴测圆）。

　　直线的绘制方法与二维图形的绘制是一样的，这里就不介绍了。在此具体介绍在等轴测捕捉模式下绘制等轴测圆的方法。

输入命令的方式如下：

① 选择菜单【绘图（D）】→【椭圆（E）】→【轴、端点（E）】命令。

② 单击【显示面板】绘图区域的【椭圆】下拉菜单里的 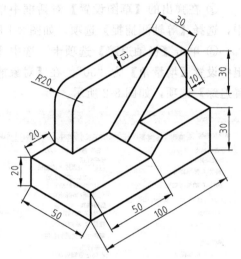 轴，端点 按钮。

③ 命令行输入 ellipse↙ 。

绘制等轴测圆的步骤和命令行提示：

指定椭圆轴的端点或［圆弧（A）/中心点（C）/等轴测圆（I）］:I↙

指定等轴测圆的圆心：

指定等轴测圆的半径或［直径（D）］:

8.3.2 绘制正等轴测图实例

以图 8-3 为例介绍正等轴测图的绘制。

① 单击【新建】 按钮，创建新的文件，见图 8-4。

② 执行正等轴测捕捉模式，单击【图层】显示面板上的【图层特性】按钮，弹出【图层特性管理器】对话框，设置线型、线宽参数，如图 8-5 所示。在【状态栏】中打开【极轴】、【对象捕捉】和【对象追踪】功能开关。

图 8-4   正等轴测图

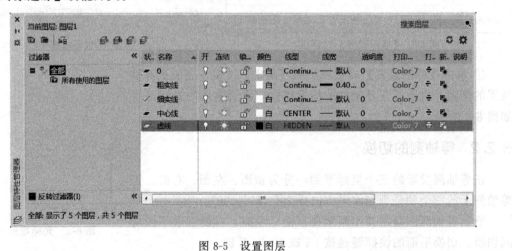

图 8-5   设置图层

③ 将【粗实线层】置为当前层，单击显示面板上的【直线】按钮，在绘图区单击确定直线第一点，右下侧移动光标选择 30°极轴方向，在当前命令行输入 50↙，完成一条直线的绘制，如图 8-6 所示。

④ 在右上侧移动光标选择 30°极轴方向，在当前命令行输入 100↙，完成一条直线的绘制，如图 8-7 所示。

⑤ 向正上方移动光标选择 90°极轴方向，在当前命令行输入 30↙，完成一条直线的绘制，如图 8-8 所示。

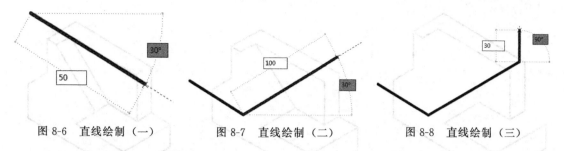

图 8-6　直线绘制（一）　　　　图 8-7　直线绘制（二）　　　　图 8-8　直线绘制（三）

⑥ 向左上方移动光标选择 150°极轴方向，在当前命令行输入 20↙，完成一条直线的绘制，如图 8-9 所示。

⑦ 向正上方移动光标选择 90°极轴方向，在当前命令行输入 30↙，完成一条直线的绘制。向左上方移动光标选择 150°极轴方向，在当前命令行输入 30↙，完成一条直线的绘制，如图 8-10 所示。

⑧ 向左下方移动光标选择 150°极轴方向，在当前命令行输入 30↙，完成一条直线的绘制，如图 8-11 所示。

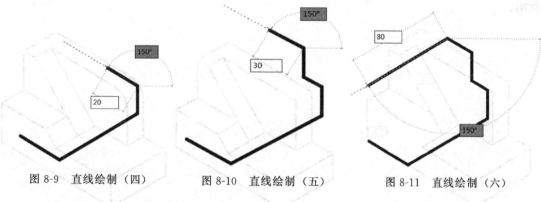

图 8-9　直线绘制（四）　　　　图 8-10　直线绘制（五）　　　　图 8-11　直线绘制（六）

⑨ 重复上述步骤，光标依次选择 90°极轴，在当前命令行输入 40↙；30°极轴，在当前命令行输入 15↙；90°极轴，在当前命令行输入 40↙；30°极轴，在当前命令行输入 70↙；30°极轴，在当前命令行输入 15↙；30°极轴，在当前命令行输入 10↙；完成如图 8-12 所示的绘制图形。

⑩ 重复上述步骤，鼠标左键单击左下角的点，为直线起始点，光标依次选择 90°极轴，在当前命令行输入 20↙；30°极轴，在当前命令行输入 50↙；30°极轴，

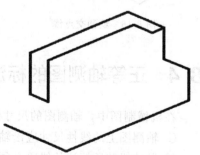

图 8-12　直线绘制（七）

在当前命令行输入 50↙；150°极轴，在当前命令行输入 35↙；150°极轴，在当前命令行输入 30↙；完成如图 8-13 所示的绘制图形。

⑪ 单击【直线】按钮依次连接，完成如图 8-14 所示的直线。

⑫ 单击【修改】显示面板上的【复制】按钮 ⚙复制，单击斜线为复制对象，选择上端点为基点，将其移动到如图 8-15 所示的位置。

注意：在轴测图绘制中，绘制平行的线型时只能使用【复制】命令来绘制平行线，不能使用【偏移】命令。

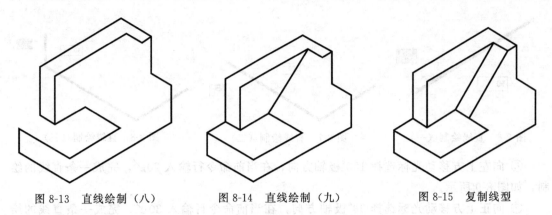

图 8-13 直线绘制（八）　　　　图 8-14 直线绘制（九）　　　　图 8-15 复制线型

⑬ 单击【直线】按钮，选择起点，向下移动光标，捕捉与斜线的交点，完成直线的绘制，如图 8-16 所示。

⑭ 重复上述步骤，完成如图 8-17 所示的图形绘制。

⑮ 单击【修改】显示面板上【圆角】按钮，完成 R20 的倒圆角，修剪图形，如图 8-18 所示。

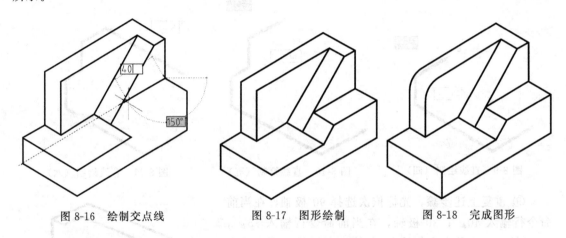

图 8-16 绘制交点线　　　　图 8-17 图形绘制　　　　图 8-18 完成图形

8.4　正等轴测图的标注

在机械制图中，轴测图的尺寸标注需要满足下列规定：

① 轴测图上的线性尺寸应沿轴测轴方向标注，尺寸大小为部件的基本尺寸。

② 尺寸线和所标注的线段必须平行，尺寸界线应平行于某一轴测轴，尺寸大小的数字按照相应的轴测图形标注在尺寸线的上方。如果图形中出现数字字头向下时，需用引线引出标注，应将数字水平注写。

③ 标注角度的大小时，尺寸需画成与该坐标平面相应的椭圆弧，角度数字应写在尺寸线的中断处，字头朝上。

④ 标注圆的直径时，尺寸线和尺寸界线需分别平行于圆所在平面内的轴测轴。

标注如图 8-3 所示的尺寸。

（1）设置文字样式

① 单击【注释】工具栏中的【文字样式】按钮 ![A]，如图 8-19 所示，弹出【文字样式】

对话框，如图 8-20 所示。

② 在【文字样式】对话框中单击【新建】按钮，打开
【新建文字样式】对话框，在【样式名】中输入"轴测标
注 a"，单击【确定】按钮，如图 8-21 所示。

③ 在【文字样式】对话框中设置参数，在【倾斜角
度】中输入"30"，如图 8-22 所示，单击【应用】按钮。

④ 重复步骤②、③新建一个名为"轴测标注 b"的文
字样式，倾斜角度设置为"－30"。

（2）设置标注样式

① 单击【注释】工具栏中的【标注样式】按钮，
弹出【标注样式管理器】对话框，如图 8-23 所示。

图 8-19 【注释】工具栏

图 8-20 【文字样式】对话框

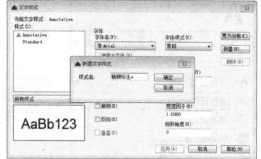

图 8-21 【新建文字样式】对话框

图 8-22 设置参数

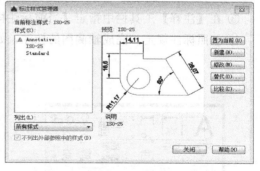

图 8-23 【标注样式管理器】对话框

② 单击【新建】按钮，弹出【创建新标注样式】对话框，在【新样式名】中输入"轴
测标注 a"，单击【继续】按钮，如图 8-24 所示。

③ 选择【新建标注样式】对话框的【文字】选项卡，在【文字外观】选项组中选定
【文字样式】为"轴测标注 a"，单击【确定】按钮，如图 8-25 所示。

④ 重复上述步骤，新建一个名为"轴测标注 b"的标注样式，文字样式选为"轴测标注 b"。

（3）标注轴测图尺寸

① 在【注释】工具栏中指定【当前标注样式】为"轴测标注 a"，如图 8-26 所示。

② 在【标注】工具栏中，单击【对齐标注】按钮，分别选择两点来定义尺寸界线的
原点，并指定尺寸线的位置，如图 8-27 所示。

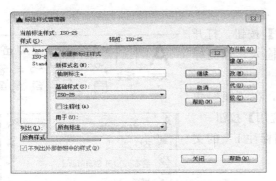

图 8-24 【创建新标注样式】对话框

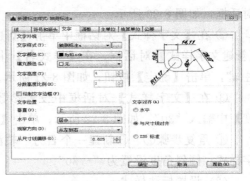

图 8-25 选定文字样式

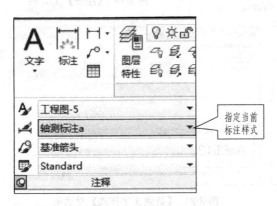

图 8-26 【注释】工具栏

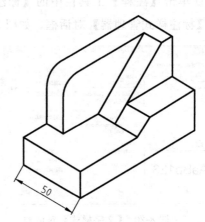

图 8-27 标注尺寸

③ 在【注释】工具栏中指定【当前标注样式】为"轴测标注 b",如图 8-28 所示。

④ 按照标注规定,完成轴测图的标注,如图 8-29 所示。

图 8-28 选择标注样式

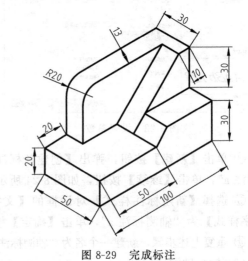

图 8-29 完成标注

同步练习

根据图 8-30～图 8-33 给出的尺寸,绘制零件轴侧图。

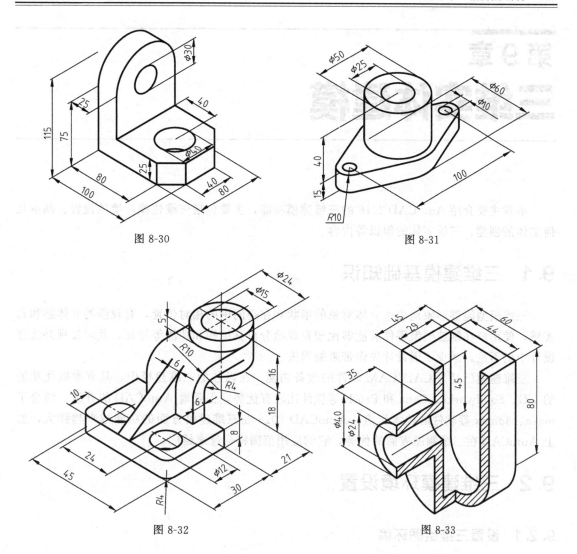

图 8-30

图 8-31

图 8-32

图 8-33

第 9 章
三维实体建模

本章主要介绍 AutoCAD 2016 的三维建模功能，主要包括三维建模环境的设置、基本几何实体的创建、三维实体的编辑等内容。

9.1 三维建模基础知识

三维模型能够形象地表达立体对象的形状和在空间中的相对位置，有较强的立体感和真实感，使用户在制造模型零件前能够比较直观地分析其结构和功能等特征，及时发现并改进设计中的不足，减少了因设计失误带来的损失。

三维建模已经是 CAD/CAM 软件的改备功能。在以往的三维建模中，具有参数化功能的 UG、Solidworks、Catia 和 Pro-E 等软件比较有优势，但随着 AutoCAD 的升级，结合了 maya、3dmax 等软件的技术优点，AutoCAD 2016 在三维建模方面的功能越来越强大，加上 AutoCAD 在二维制图方面的优势，它的应用范围将会越来越广。

9.2 三维建模环境设置

9.2.1 设置三维绘图环境

三维建模须在【三维建模】空间进行，所以在绘制三维图形之前，应先切换到【三维建模】空间，可以通过以下方式进行切换：

① 从【工作空间】工具栏中下拉列表中选择【三维建模】，如图 9-1 所示。

② 选择菜单【工具】→【工作空间】→【三维建模】命令，如图 9-2 所示。

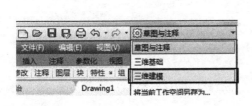

图 9-1 【工作空间】工具栏

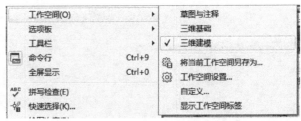

图 9-2 【工作空间】菜单命令

进入【三维建模】空间后，工具选项面板会切换到三维建模的常用命令面板，如图 9-3 所示。

图 9-3　【三维建模】空间的常用面板

9.2.2　三维实体的显示

三维实体在三维空间的显示状态可以通过【三维视图】和【视觉样式】的设置来控制。【三维视图】控制三维模型的显示方位，【视觉样式】控制显示效果。

（1）三维视图

三维视图分为正交视图和等轴侧视图。

正交视图包括俯视、仰视、左视、右视、前视和后视。

等轴侧视图包括东南等轴侧、西南等轴侧、东北等轴侧和西北等轴侧。

可以通过下列方式变更三维视图：

① 单击【常用】选项卡→【视图】面板→【三维导航】下拉列表中的命令，如图 9-4 所示。

② 选择菜单【视图】→【三维视图】命令，如图 9-5 所示。

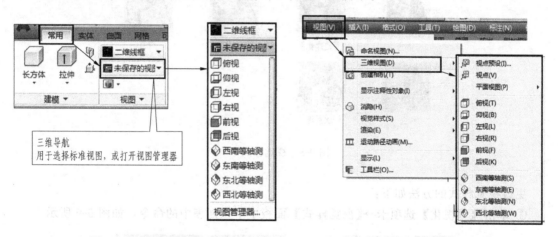

图 9-4　三维导航命令　　　　　　　图 9-5　三维视图的菜单命令

③ 单击绘图窗口左上角的【视图控件】按钮，如图 9-6 所示。

选择不同的视图，模型显示的方位不一样，如图 9-7 所示：（a）为【西南等轴侧】的显示效果，（b）为【西北等轴侧】的显示效果。

除使用上述方法改变视图外，还可以进行动态调节。

动态调节方法：按住 Shift 键＋鼠标中键，移动鼠标。

（2）视觉样式

AutoCAD 2016 有 10 种视觉样式：二维线框、着色、线框、概念、带边缘着色、X 射线、隐藏、灰度、真实和勾画，如图 9-8 所示，默认的视觉样式为【二维线框】。

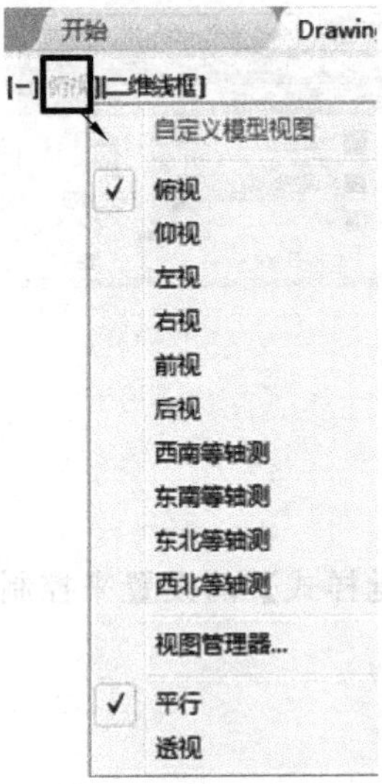

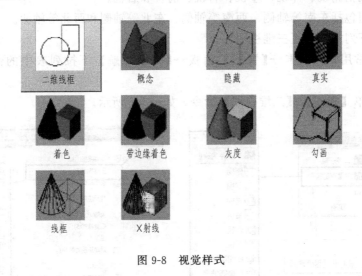

图 9-6　视图控件

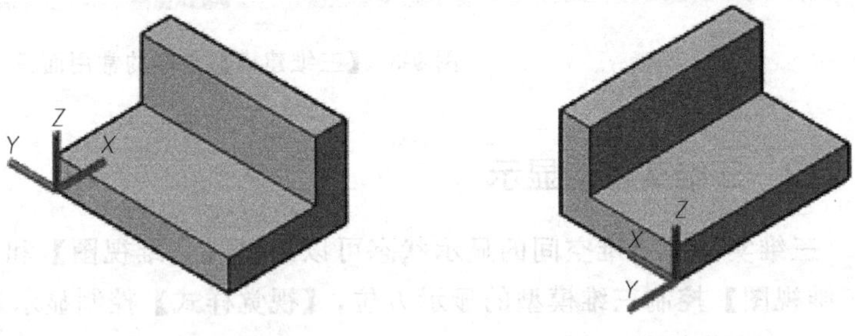

(a)西南等轴侧　　　　(b)西北等轴侧

图 9-7　视图显示效果

图 9-8　视觉样式

更改视觉样式的方法如下：

① 单击【可视化】选项卡→【视觉样式】面板中下拉列表中的命令，如图 9-9 所示。

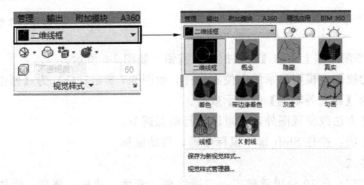

图 9-9　【视觉样式】面板

② 单击【常用】选项卡→【视图】面板→【视觉样式】下拉列表中的命令，如图 9-10 所示。

③ 选择菜单命令【视图】→【视觉样式】，如图 9-11 所示。

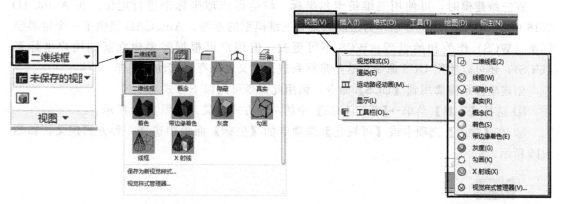

图 9-10　【视图】面板

图 9-11　【视觉样式】菜单栏命令

④ 单击绘图窗口左上角的【视觉样式】控件进行选取。

另外，除了上述的 10 种视觉样式，用户还可以通过【视觉样式管理器】进行新视觉样式的创建，也可以通过【视觉样式管理器】对现有的视觉样式进行修改和管理，如图 9-12 所示。

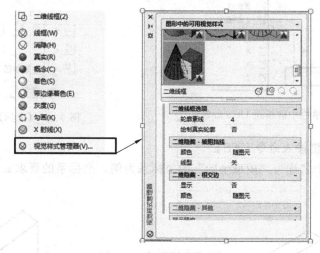

图 9-12　视觉样式管理器

不同视觉样式，显示的视觉效果不一样的，如图 9-13 所示。

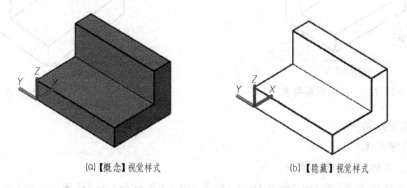

(a)【概念】视觉样式　　　　(b)【隐藏】视觉样式

图 9-13　视觉样式管理器

9.2.3 三维建模坐标系设置

在三维建模时，可使用三维笛卡尔坐标、柱坐标或球坐标来进行定位。在 AutoCAD 2016 中，可用这三种坐标系作为绘制二维和三维模型的参考。AutoCAD 提供了一个世界坐标系（WCS）作为初始设置。WCS 不可更改，但用户可根据需要建立新的用户坐标系（UCS），还可以使用 UCS 命令对这些坐标系进行定义、保存、移动等操作。

创建坐标系需要用到【UCS】命令，调用此命令可用以下方式：

① 选择【工具】菜单→【新建 UCS】中的一种方式定义，如图 9-14 所示。

② 在【常用】选项卡或【可视化】选项卡的【坐标】面板中选择一种方式定义，如图 9-15 所示。

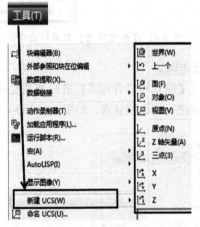

图 9-14 工具菜单栏中的新建 UCS 命令

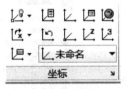

图 9-15 【坐标】面板

③ 在命令行直接输入命令 UCS↙。

下面以创建一个名称为"模型坐标"的坐标系为例，坐标系的要求如图 9-16（a）所示。步骤如下：

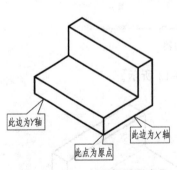

图 9-16（a） 新坐标系要求

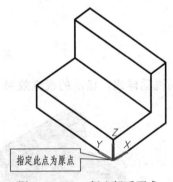

图 9-16（b） 新坐标系要求

（1）新建坐标系

在命令行输入 UCS↙

当前 UCS 名称：*没有名称*

指定 UCS 的原点或[面(F)/命名(NA)/对象(OB)/上一个(P)/视图(V)/世界(W)/X/Y/

Z/Z 轴(ZA)] < 世界> ：　　　　　//在屏幕中指定如图 9-16(b)中指示的点
指定 X 轴上的点或 < 接受> ：　　　//在屏幕中指定如图 9-16(c)中指示的点
指定 XY 平面上的点或 < 接受> ：　　//在屏幕中指定如图 9-16(d)中指示的点

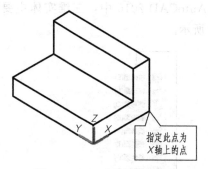

图 9-16（c） 新坐标系要求

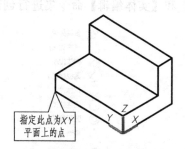

图 9-16（d） 新坐标系要求

（2）重命名坐标系

① 选择【工具】菜单→【命名 UCS】命令或在【坐标】面板中单击【UCS，命名 UCS】
按钮，弹出【UCS】对话框，如图 9-17 所示。

② 选中对话框中【当前 UCS】列表中的"未命名"，然后单击鼠标右键，弹出快捷菜
单，如图 9-18 所示。

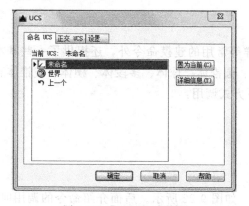

图 9-17 【UCS】对话框

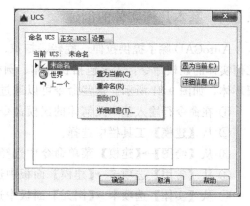

图 9-18 重命名坐标系

③ 选择"重命名"，将名称改为"模型坐标"后单击【确定】按钮，完成模型坐标的创
建，如图 9-19 所示。

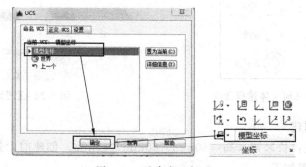

图 9-19 重命名坐标系

9.3 创建和编辑三维实体

三维实体可以完整的表达物体模型的信息，在 AutoCAD 2016 中，三维实体主要通过【建模】和【实体编辑】命令集进行创建，如图 9-20 所示。

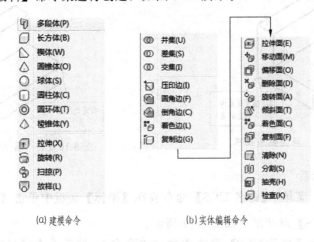

(a) 建模命令　　　　　　(b) 实体编辑命令

图 9-20　建模与实体编辑命令

9.3.1 基本几何实体的创建

AutoCAD 除了提供拉伸、旋转、扫掠、放样等常用的建模命令外，还提供了一些基本几何实体的建模命令，主要包括长方体、圆柱体、圆锥体、球体、多段体、楔体、棱锥体和圆环体，如图 9-21 所示。这些命令可以通过以下方式调用：

① 在命令行输入基本几何体的建模命令。

② 从【建模】工具栏中选择。

③ 从【绘图】→【建模】菜单命令中选择。

④ 从【常用】选项卡→【建模】面板中选择。

⑤ 从【实体】选项卡→【图元】面板中选择，如图 9-22 所示。后面介绍命令的调用时，均以这种方式，不再重复介绍命令的调用方式。

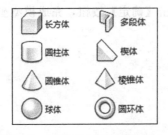

图 9-21　基本几何实体建模命令

图 9-22　【图元】面板

（1）长方体的创建

长方体的尺寸是：长×宽×高＝80mm×60mm×40mm。创建前，先将视图切换至"西南等轴侧"。创建过程如下：

① 在【图元】面板中单击【长方体】按钮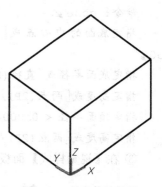长方体。

② 根据命令提示输入相应有参数。

命令:_box↙

指定第一个角点或[中心(C)]:0,0,0↙

指定其他角点或[立方体(C)/长度(L)]:80,60,0↙

指定高度或[两点(2P)]:40↙

③ 将【视觉样式】调为"隐藏"。长方体的效果如图 9-23 所示。

图 9-23　长方体的效果

(2) 创建圆柱体

圆柱体尺寸为：直径为 50mm，高度为 80mm。创建过程如下：

① 在【图元】面板中单击【圆柱体】按钮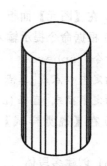圆柱体。

② 根据命令提示输入相应有参数。

命令:_cylinder↙

指定底面的中心点或[三点(3P)/两点(2P)/切点、切点、半径(T)/椭圆(E)]:200,
- 150↙　　　　　　　//确定圆柱体的位置

指定底面半径或[直径(D)]:25↙

指定高度或[两点(2P)/轴端点(A)]< 40.0000>:80↙

③ 在【视觉样式】面板中调节视觉效果。结果如图 9-24 所示。

注意：圆柱体的显示效果中竖线的数量可更改 ISOLINES 参数，更改方法：

命令:isolines↙

输入 ISOLINES 的新值< 2>:25↙

命令:RE↙

REGEN 正在重生成模型。

图 9-24　圆柱体图形

(3) 创建圆锥体和圆台体

圆锥体尺寸：底面直径为 60mm，高度为 50mm。创建过程如下：

① 在【图元】面板中单击【圆锥体】按钮。

② 根据命令提示输入相应有参数。

命令:_cone↙

指定底面的中心点或[三点(3P)/两点(2P)/切点、切点、半径(T)/椭圆(E)]:300,300
↙　　　　　　　//确定圆锥体的位置

指定底面半径或[直径(D)]< 25.0000>:30↙

指定高度或[两点(2P)/轴端点(A)/顶面半径(T)]< 80.0000>:50↙

③ 在【视觉样式】面板中调节视觉效果。结果如图 9-25 所示。

圆台体尺寸：底面直径为 60mm，顶面直径为 25mm，高度为 50mm。创建过程如下：

① 在【图元】面板中单击【圆锥体】按钮。

② 根据命令提示输入相应有参数。

命令：_cone ↙

指定底面的中心点或[三点(3P)/两点(2P)/切点、切点、半径(T)/椭圆(E)]:250,50 ↙

指定底面半径或[直径(D)] < 25.0000>:30 ↙

指定高度或[两点(2P)/轴端点(A)/顶面半径(T)] < 80.0000>:T ↙

指定顶面半径 < 0.0000>:12.5 ↙

指定高度或[两点(2P)/轴端点(A)] < 50.0000>:50 ↙

③ 在【视觉样式】面板中调节视觉效果。结果如图 9-26 所示。

图 9-25　圆锥体图形

图 9-26　圆台体图形

（4）创建球体

球体尺寸：直径为 50mm。创建过程如下：

① 在【图元】面板中单击【球体】按钮⬤球体。

② 根据命令提示输入相应有参数。

命令：_sphere ↙

指定中心点或[三点(3P)/两点(2P)/切点、切点、半径(T)]:45,- 130 ↙

指定半径或[直径(D)] < 30.0000>:25 ↙

③ 在【视觉样式】面板中调节视觉效果。结果如图 9-27 所示。

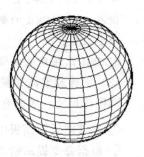

图 9-27　球体图形

（5）创建多段体

多段体尺寸：高度为 40mm，宽度为 10mm。创建过程如下：

① 在【图元】面板中单击【多段体】按钮🔲。

② 根据命令提示输入相应有参数。

命令：_Polysolid 高度= 25.0000,宽度= 5.0000,对正= 居中

指定起点或[对象(O)/高度(H)/宽度(W)/对正(J)] < 对象>:H ↙

指定高度 < 25.0000>:40 ↙

高度= 40.0000,宽度= 5.0000,对正= 居中

指定起点或[对象(O)/高度(H)/宽度(W)/对正(J)] < 对象>:W ↙

指定宽度 < 5.0000>:10 ↙

高度= 40.0000,宽度= 10.0000,对正= 居中

指定起点或[对象(O)/高度(H)/宽度(W)/对正(J)] < 对象>:J ↙

输入对正方式[左对正(L)/居中(C)/右对正(R)] < 居中>:C ↙

高度= 40.0000,宽度= 10.0000,对正= 居中

指定起点或[对象(O)/高度(H)/宽度(W)/对正(J)]< 对象>:0,0↙

指定下一个点或[圆弧(A)/放弃(U)]:@ 100,0↙

指定下一个点或[圆弧(A)/放弃(U)]:@ 80< 60↙

指定下一个点或[圆弧(A)/闭合(C)/放弃(U)]:@ 60< 145↙

指定下一个点或[圆弧(A)/闭合(C)/放弃(U)]:A↙

指定圆弧的端点或[闭合(C)/方向(D)/直线(L)/第二个点(S)/放弃(U)]:@ 45< 180↙

指定下一个点或[圆弧(A)/闭合(C)/放弃(U)]:指定圆弧的端点或[闭合(C)/方向(D)/直线(L)/第二个点(S)/放弃(U)]:↙

③ 在【视觉样式】面板中调节视觉效果。结果如图 9-28 所示。

(6) 创建楔体

楔体尺寸：长为 50mm，宽为 30mm，高为 30mm。创建过程如下：

① 在【图元】面板中单击【楔体】按钮。

② 根据命令提示输入相应有参数。

命令:_wedge↙

指定第一个角点或[中心(C)]:50,30↙

指定其他角点或[立方体(C)/长度(L)]:0,0↙　　//输绝对坐标时在前面加"#"

指定高度或[两点(2P)]< 30.0000>:30↙

③ 结果如图 9-29 所示。

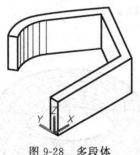

图 9-28　多段体

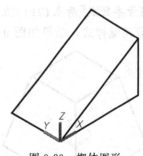

图 9-29　楔体图形

(7) 创建棱锥体和棱台

棱锥体尺寸：底面边长为 50mm，高为 80mm。创建过程如下：

① 在【图元】面板中单击【棱锥体】按钮。

② 根据命令提示输入相应有参数。

命令:_pyramid↙

4 个侧面　外切

指定底面的中心点或[边(E)/侧面(S)]：　E↙

指定边的第一个端点:0,0↙

指定边的第二个端点:@ 50,0↙

指定高度或[两点(2P)/轴端点(A)/顶面半径(T)]< 50.0000>:

80↙

③ 结果如图 9-30 所示。

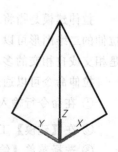

图 9-30　棱锥体图形

棱台尺寸：底面边长为 50mm，顶面边长为 30mm，高为 40mm。创建过程如下：

① 在【图元】面板中单击【棱锥体】按钮◭。

② 根据命令提示输入相应有参数。

命令：_pyramid✓

4 个侧面　外切

指定底面的中心点或[边(E)/侧面(S)]:0,0✓

指定底面半径或[外切(C)] < 35.3553> :C✓

指定底面半径或[内接(I)] < 35.3553> :25✓

指定高度或[两点(2P)/轴端点(A)/顶面半径(T)] < 40.0000> :T✓

指定顶面半径 < 21.2132> :15✓

指定高度或[两点(2P)/轴端点(A)] < 40.0000> :40✓

③ 结果如图 9-31 所示。

(8) 创建圆环体

圆环体尺寸：圆环中心直径为 100mm，圆管直径为 30mm。创建过程如下：

① 在【图元】面板中单击【圆环体】按钮◎。

② 根据命令提示输入相应有参数。

命令：_torus✓

指定中心点或[三点(3P)/两点(2P)/切点、切点、半径(T)]:0,0✓

指定半径或[直径(D)] < 15.0000> :50✓

指定圆管半径或[两点(2P)/直径(D)] < 10.0000> :15✓

③ 调节视觉样式，结果如图 9-32 所示。

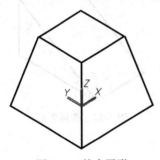

图 9-31　棱台图形

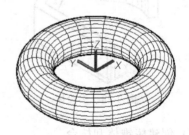

图 9-32　圆环体图形

9.3.2　拉伸建模

拉伸建模是指将二维图形沿指定高度、方向或路径进行拉伸而生成曲面或实体的过程。拉伸的二维图形可以是直线、曲线、圆、多段线、样条曲线、面域及实体上的面等，但不能是相交或自相交的多段线。

拉伸命令可以通过下列方式调用：

① 在命令行输入【拉伸】命令：EXTRUDE✓。

② 在【建模】工具栏中单击【拉伸】按钮▣。

③ 选择菜单【绘图】→【建模】→【拉伸】命令。

④ 在【常用】选项卡→【建模】面板中单击【拉伸】按钮⬚。

⑤ 在【实体】选项卡→【实体】面板中单击【拉伸】按钮⬚，如图 9-33 所示。

(1) 沿指定高度进行拉伸

将如图 9-34 所示的直径为 50mm 的圆拉伸成 60mm 高度的圆柱体，操作步骤如下：

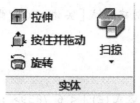

图 9-33 【实体】面板

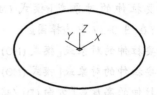

图 9-34 拉伸元素

① 在【实体】选项卡→【实体】面板中单击【拉伸】按钮⬚。

② 根据命令提示进行操作：

命令: _extrude↙

当前线框密度:ISOLINES= 25,闭合轮廓创建模式= 实体

选择要拉伸的对象或[模式(MO)]:_MO 闭合轮廓创建模式[实体(SO)/曲面(SU)] < 实体> : 在绘图区域中选择圆↙

选择要拉伸的对象或[模式(MO)]:找到 1 个

选择要拉伸的对象或[模式(MO)]:↙

指定拉伸的高度或[方向(D)/路径(P)/倾斜角(T)/表达式(E)] < 40.0000> :60↙

③ 调节视觉样式，选择菜单【视图】→【消隐】命令，结果如图 9-35 所示。

(2) 沿指定方向拉伸建模

将图 9-34 中沿指定方向拉伸成实体，操作步骤如下：

① 在【实体】选项卡→【实体】面板中单击【拉伸】按钮⬚。

② 根据命令提示进行操作：

命令: _extrude↙

当前线框密度:ISOLINES= 25,闭合轮廓创建模式= 实体

选择要拉伸的对象或[模式(MO)]:_MO 闭合轮廓创建模式[实体
(SO)/曲面(SU)] < 实体> :在绘图区域中选择圆↙

图 9-35 拉伸圆柱

选择要拉伸的对象或[模式(MO)]:找到 1 个

选择要拉伸的对象或[模式(MO)]:↙

指定拉伸的高度或[方向(D)/路径(P)/倾斜角(T)/表达式
(E)] < 6.7839> :D↙

指定方向的起点:0,0,0↙

指定方向的端点:@ 30,- 20,40↙

③ 调节视觉样式，选择菜单【视图】→【消隐】命令，结果
如图 9-36 所示。

(3) 沿指定路径拉伸建模

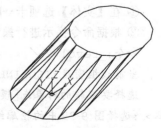

图 9-36 指定方向圆柱体

将如图 9-37 所示的元素沿指定方向拉伸成实体，操作步骤如下：

① 在【实体】选项卡→【实体】面板中单击【拉伸】按钮![]。

② 根据命令提示进行操作：

命令：_extrude↙

当前线框密度：ISOLINES= 25,闭合轮廓创建模式= 实体

选择要拉伸的对象或[模式(MO)]：_MO 闭合轮廓创建模式[实体(SO)/曲面(SU)]

< 实体>：在图 9-37 中选择圆↙

选择要拉伸的对象或[模式(MO)]：找到 1 个

选择要拉伸的对象或[模式(MO)]：↙

指定拉伸的高度或[方向(D)/路径(P)/倾斜角(T)/表达式(E)] < 6.7839> ：P↙

选择拉伸路径或[倾斜角(T)]：选择图 9-37 中的曲线↙

③ 调节视觉样式，选择菜单【视图】→【消隐】命令，结果如图 9-38 所示。

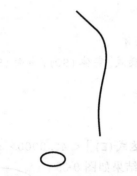

图 9-37　指定路径拉伸元素

图 9-38　指定路径拉伸实体

9.3.3　旋转建模

旋转建模是指将二维图形绕指定旋转轴旋转成三维模型。旋转建模的命令调用方式与拉伸相同。将如图 9-39 所示的图形旋转为三维实体，步骤如下：

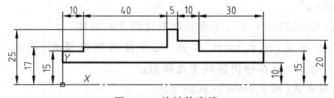

图 9-39　旋转轮廓线

① 在【实体】选项卡→【实体】面板中单击【旋转】按钮![]。

② 根据命令提示进行操作。

命令：_revolve↙

当前线框密度：ISOLINES= 4,闭合轮廓创建模式= 实体

选择要旋转的对象或[模式(MO)]：_MO 闭合轮廓创建模式[实体(SO)/曲面(SU)] < 实体>：选择图 9-39 中的轮廓线

选择要旋转的对象或[模式(MO)]：指定对角点：找到 12 个

选择要旋转的对象或[模式(MO)]:↙

指定轴起点或根据以下选项之一定义轴[对象(O)/X/
Y/Z]<对象>:↙

选择对象:选择旋转轴线↙

指定旋转角度或[起点角度(ST)/反转(R)/表达式
(EX)]<360>:↙

③ 调节视觉样式,结果如图 9-40 所示。

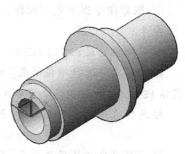

图 9-40　旋转实体

9.3.4　扫掠建模

扫掠建模是将二维轮廓沿指定路径进行扫掠形成三维实体或曲面。封闭的二维轮廓线沿路径扫掠后生成实体,开放式的轮廓线沿路径扫掠后生成曲面。将如图 9-41 所示的元素扫掠为三维实体,步骤如下:

① 在【实体】选项卡→【实体】面板中单击【扫掠】按钮 。

② 根据命令提示进行操作。

命令:_sweep↙

当前线框密度:ISOLINES= 4,闭合轮廓创建模式= 实体

选择要扫掠的对象或[模式(MO)]:_MO 闭合轮廓创建模式[实体(SO)/曲面(SU)]<实体>:_SO 选择图 9-41 中的小圆↙

选择要扫掠的对象或[模式(MO)]:找到 1 个

选择要扫掠的对象或[模式(MO)]:↙

选择扫掠路径或[对齐(A)/基点(B)/比例(S)/扭曲(T)]:选择螺旋曲线↙

③ 调节视觉样式,选择菜单【视图】→【消隐】命令,结果如图 9-42 所示。

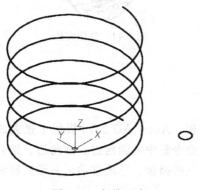

图 9-41　扫掠元素

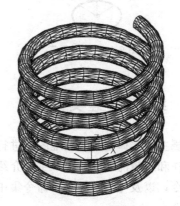

图 9-42　扫掠实体

9.3.5　放样建模

放样建模是指将一组轮廓线或截面进行放样,形成三维实体或曲面,由封闭轮廓或截面放样生成实体,开放的轮廓放样生成曲面。将如图 9-43 所示的轮廓进行放样建模,步骤如下:

① 在【实体】选项卡→【实体】面板中单击【放样】按钮 。

② 根据命令提示进行操作：

命令:_loft↙

当前线框密度:ISOLINES= 4,闭合轮廓创建模式= 实体

按放样次序选择横截面或[点(PO)/合并多条边(J)/模式(MO)]:_MO 闭合轮廓创建模式
[实体(SO)/曲面(SU)]< 实体>:_SO

按放样次序选择横截面或[点(PO)/合并多条边(J)/模式(MO)]:找到 1 个

//从下往上依次选择 4 个圆

按放样次序选择横截面或[点(PO)/合并多条边(J)/模式(MO)]:找到 1 个,总计 2 个

按放样次序选择横截面或[点(PO)/合并多条边(J)/模式(MO)]:找到 1 个,总计 3 个

按放样次序选择横截面或[点(PO)/合并多条边(J)/模式(MO)]:找到 1 个,总计 4 个

按放样次序选择横截面或[点(PO)/合并多条边(J)/模式(MO)]:↙

选中了 4 个横截面

输入选项[导向(G)/路径(P)/仅横截面(C)/设置(S)]< 仅横截面>:↙

③ 调节视觉样式，选择菜单【视图】→【消隐】命令，结果如图 9-44 所示。

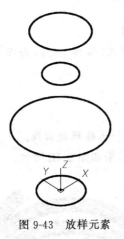

图 9-43　放样元素

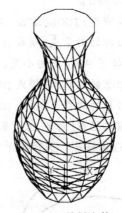

图 9-44　放样实体

9.4　编辑三维实体

编辑三维实体是指对三维图形进行修改操作的过程，AutoCAD 2016 提供了强大的三维实体操作和编辑的功能。本节主要介绍【三维编辑】命令集中的倒角边、圆角边、抽壳和倾斜面命令，以及【三维操作】命令集中的三维陈列、三维镜像、三维移动、三维旋转和三维对齐命令。

9.4.1　三维编辑命令

三维编辑命令可以用以下方式调用：

① 在命令行输入三维编辑的命令。

② 在【实体编辑】工具栏中单击相应的按钮。

③ 选择菜单【修改】→【实体编辑】中的相应命令。

④ 在【实体】选项卡→【实体编辑】面板中单击相应的按钮，如图 9-45 所示。后面介

绍命令的调用时，均以这种方式。

（1）倒角边

将如图 9-46 所示的元素中指示的边倒角边，倒角尺寸为 4×4mm（或者 4×45°），操作步骤如下：

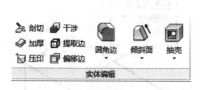

图 9-45　【实体编辑】面板

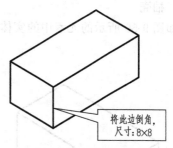

将此边倒角，尺寸:8×8

图 9-46　倒角边元素

① 在【实体】选项卡→【实体编辑】面板中单击【倒角边】按钮。

② 根据命令提示进行操作。

命令:_CHAMFEREDGE 距离 1= 1.0000,距离 2= 1.0000

选择一条边或[环(L)/距离(D)]:D↙　　　　　　　//更改倒角尺寸

指定距离 1 或[表达式(E)]< 1.0000> :8↙

指定距离 2 或[表达式(E)]< 1.0000> :8↙

选择一条边或[环(L)/距离(D)]:在屏幕中选择需要倒角的边↙

选择同一个面上的其他边或[环(L)/距离(D)]:↙

按 Enter 键接受倒角或[距离(D)]:↙

③ 调节视觉样式，选择菜单【视图】→【消隐】命令，结果如图 9-47 所示。

（2）圆角边

将如图 9-48 所示的元素中指示的边倒圆角，圆角尺寸为 R8，操作步骤如下：

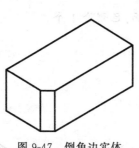

图 9-47　倒角边实体

将此边倒圆角，尺寸:R8

图 9-48　倒圆角边元素

① 在【实体】选项卡→【实体编辑】面板中单击【圆角边】按钮。

② 根据命令提示进行操作:

命令:_FILLETEDGE

半径= 1.0000

选择边或[链(C)/环(L)/半径(R)]:R↙　　　　　　　//更改圆角半径尺寸

输入圆角半径或[表达式(E)]< 1.0000> :8↙

选择边或[链(C)/环(L)/半径(R)]:在屏幕中选择需要倒圆角的边↙
已选定 1 个边用于圆角。

按 Enter 键接受圆角或[半径(R)]:↙

③ 调节视觉样式,选择菜单【视图】→【消隐】命令,结果如图 9-49 所示。

(3) 抽壳

将如图 9-50 所示的元素中的实体抽壳,顶面为删除面,壁厚为 2mm,操作步骤如下:

图 9-49　倒圆角边实体

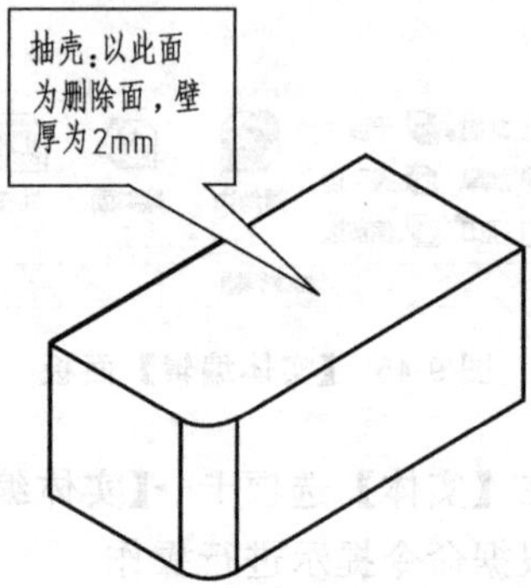

图 9-50　抽壳元素

① 在【实体】选项卡→【实体编辑】面板中单击【抽壳】按钮 。

② 根据命令提示进行操作:

命令:_solidedit↙

实体编辑自动检查:SOLIDCHECK= 1

输入实体编辑选项[面(F)/边(E)/体(B)/放弃(U)/退出(X)]<退出>:_body↙
　　　　　　　　//选择三维实体

输入体编辑选项

[压印(I)/分割实体(P)/抽壳(S)/清除(L)/检查(C)/放弃(U)/退出(X)]<退出>:_shell

选择三维实体:↙

删除面或[放弃(U)/添加(A)/全部(ALL)]:找到一个面,已删除 1 个。
　　　　　　　//选择要删除的面

删除面或[放弃(U)/添加(A)/全部(ALL)]:↙

输入抽壳偏移距离:2↙

已开始实体校验。

已完成实体校验。

输入体编辑选项

[压印(I)/分割实体(P)/抽壳(S)/清除(L)/检查(C)/放
弃(U)/退出(X)]<退出>:↙

实体编辑自动检查: SOLIDCHECK= 1

输入实体编辑选项[面(F)/边(E)/体(B)/放弃(U)/退出
(X)]<退出>:↙

③ 调节视觉样式,选择【视图】菜单→【消隐】命令,结
果如图 9-51 所示。

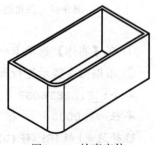

图 9-51　抽壳实体

（4）倾斜面

将如图 9-52 所示的元素中的实体进行倾斜面编辑，倾斜角度为 30°，操作步骤如下：

① 在【实体】选项卡→【实体编辑】面板中单击【倾斜面】按钮 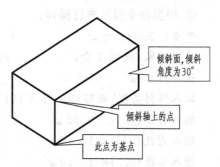。

图 9-52 倾斜面元素

② 根据命令提示进行操作：

命令：_solidedit ↙

实体编辑自动检查：SOLIDCHECK= 1

输入实体编辑选项［面 (F)/边 (E)/体 (B)/放弃(U)/退出(X)］< 退出 >：_face

输入面编辑选项

［拉伸(E)/移动 (M)/旋转 (R)/偏移 (O)/倾斜 (T)/删除 (D)/复制 (C)/颜色 (L)/材质(A)/放弃(U)/退出(X)］< 退出 >：_taper 选择要倾斜的面 ↙

选择面或［放弃(U)/删除(R)］：找到一个面。

选择面或［放弃(U)/删除(R)/全部(ALL)］：

指定基点：在屏幕中指定基点 (如图 9-52 所示)

指定沿倾斜轴的另一个点：在屏幕中指定另一点 (如图 9-52 所示)

指定倾斜角度：30 ↙

已开始实体校验。

已完成实体校验。

输入面编辑选项

［拉伸(E)/移动 (M)/旋转 (R)/偏移 (O)/倾斜 (T)/删除 (D)/复制 (C)/颜色 (L)/材质(A)/放弃(U)/退出(X)］< 退出 >：↙

实体编辑自动检查：SOLIDCHECK= 1

输入实体编辑选项［面 (F)/边 (E)/体 (B)/放弃(U)/退出(X)］< 退出 >：↙

③ 调节视觉样式，选择菜单【视图】→【消隐】命令，结果如图 9-53 所示。

9.4.2 三维操作命令

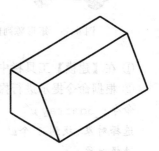

图 9-53 倾斜面实体

三维操作命令可以用以下方式调用：

① 在命令行输入基本几何体的建模命令。

② 在【建模】工具栏中单击相应的按钮。

③ 选择菜单【修改】→【三维操作】命令中的相应命令。

（1）三维陈列（矩形陈列和环形陈列）

矩形陈列：将如图 9-54 所示的球体进行矩形陈列，要求：5 行（Y 轴方向）、4 列（X 轴方向）、2 层（Z 轴方向），行间距 25mm，列间距 30mm，层间距 20mm，操作步骤如下：

① 在【建模】工具栏中单击【三维陈列】按钮 。

图 9-54 要陈
列的球体

② 根据命令提示进行操作：

命令:_3darray↙

选择对象:找到 1 个↙　　　　　//在屏幕中选择球体

选择对象:↙

输入阵列类型[矩形(R)/环形(P)]＜矩形＞:↙

输入行数(—)＜1＞:5↙

输入列数(|||)＜1＞:4↙

输入层数(...)＜1＞:2↙

指定行间距(—):25↙

指定列间距(|||):30↙

指定层间距(...):20↙

③ 结果如图 9-55 所示。

环形陈列：将如图 9-56 所示的小柱体绕 Z 轴进行环形陈列，要求 360°角度范围内均布 6 个，操作步骤如下：

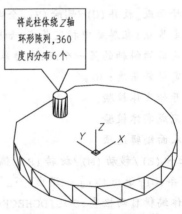

将此柱体绕 Z 轴环形陈列,360 度内分布 6 个

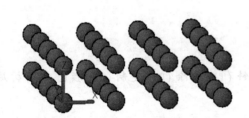

图 9-55　矩形陈列的球体　　　　图 9-56　要环形陈列的实体

① 在【建模】工具栏中单击【三维陈列】按钮。

② 根据命令提示进行操作：

命令:_3darray↙

选择对象:找到 1 个↙　　　　　//在屏幕中选择小柱体

选择对象:↙

输入阵列类型[矩形(R)/环形(P)]＜矩形＞:P↙

输入阵列中的项目数目:6↙

指定要填充的角度(+ = 逆时针,- = 顺时针)＜360＞:↙

旋转阵列对象?[是(Y)/否(N)]＜Y＞:↙

指定阵列的中心点:0,0,0↙

指定旋转轴上的第二点:0,0,20↙

③ 选择菜单【视图】→【消隐】命令，结果如图 9-57 所示。

(2) 三维镜像

将如图 9-58 所示的实体进行镜像，镜像平面为图中指示的平

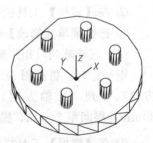

图 9-57　环形陈列的实体

面,操作步骤如下:

①选择菜单【修改】→【三维操作】→【三维镜像】
命令。

②根据命令提示进行操作:

命令:_mirror3d↙

选择对象:找到 1 个　　　　//选择实体

选择对象:

指定镜像平面(三点)的第一个点或[对象(O)/最近
的(L)/Z 轴(Z)/视图(V)/XY 平面(XY)/YZ 平面(YZ)/
ZX 平面(ZX)/三点(3)]<三点>:　//选择点 1,如图
9-58 所示

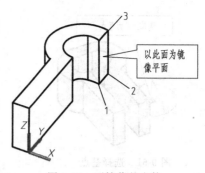

图 9-58　要镜像的实体

以此面为镜像平面

在镜像平面上指定第二点:　　　　　　　　　　//选择点 2,如图 9-58 所示

在镜像平面上指定第三点:　　　　　　　　　　//选择点 3,如图 9-58 所示

是否删除源对象?[是(Y)/否(N)]<否>:↙

③结果如图 9-59 所示。

(3) 三维旋转

将如图 9-60 所示的实体绕指定边线旋转 30°,操作步骤如下:

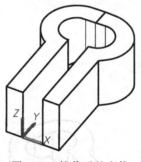

图 9-59　镜像后的实体

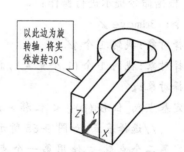

以此边为旋转轴,将实体旋转30°

图 9-60　要旋转的实体

①在【建模】工具栏中单击【三维旋转】按钮⊕。

②根据命令提示进行操作:

命令:_3drotate↙

UCS 当前的正角方向:ANGDIR= 逆时针　ANGBASE= 0

选择对象:找到 1 个↙　　　　　//选择实体,如图 9-60 所示

选择对象:↙

指定基点:　　　　　　　　　//选择点,如图 9-61 所示

拾取旋转轴:　　　　　　　　//选择点,如图 9-62 所示

指定角的起点或键入角度:30↙

③结果如图 9-63 所示。

(4) 三维移动

将如图 9-64(a)所示的实体沿 X 轴移动一段距离,操作步骤如下:

①在【建模】工具栏中单击【三维移动】按钮⬡。

图 9-61　选择基点

图 9-62　选择旋转轴

图 9-63　旋转后的实体

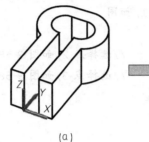

(a)　　　　　　　　(b)

图 9-64　三维移动实体

② 根据命令提示进行操作：

命令：_3dmove ✓

选择对象:找到 1 个 ✓　　　　　　　//选择实体

选择对象:找到 1 个(1 个重复),总计 1 个

选择对象:✓

指定基点或[位移(D)] < 位移 > :

　　　//选择基点,如图 9-65 所示

指定第二个点或 < 使用第一个点作为

位移 > :　　//选择第二点,如图 9-65 所示

③ 结果如图 9-64 (b) 所示。

（5）三维对齐

用【三维对齐】命令将如图 9-66 （a）

所示的 A、B 两件实体对齐成图 9-66 (b)

所示的状态，操作步骤如下：

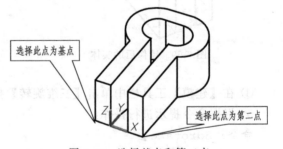

图 9-65　选择基点和第二点

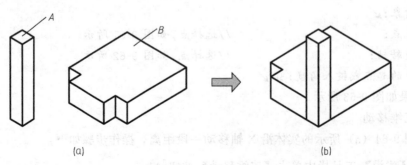

(a)　　　　　　　　(b)

图 9-66　三维对齐

① 在【建模】工具栏中单击【三维对齐】按钮 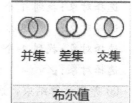。

② 根据命令提示进行操作：

命令:_3dalign↙

选择对象:找到 1 个　　　　　　　　　　//选择实体 A,如图 9-66 所示

选择对象:↙

指定源平面和方向 ...

　　指定基点或[复制(C)]:　　　　　　　//选择点 1,如图 9-67 所示

　　指定第二个点或[继续(C)] < C> :　　//选择点 2,如图 9-67 所示

　　指定第三个点或[继续(C)] < C> :　　//选择点 3,如图 9-67 所示

指定目标平面和方向 ...

　　指定第一个目标点:　　　　　　　　//选择点 4,如图 9-67 所示

　　指定第二个目标点或[退出(X)] < X> :　//选择点 5,如图 9-67 所示

　　指定第三个目标点或[退出(X)] < X> :　/选择点 6,如图 9-67 所示

③ 结果如图 9-66 右图所示。

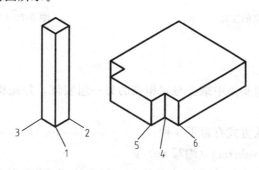

图 9-67　三维对齐实体步骤

1—基点；2—第二个点；3—第三个点；4—第一个目标点；5—第二个目标点；6—第三个目标点

9.5　布尔运算

　　布尔运算也是一种编辑三维实体的常用方法，通过布尔运算，可以将简单的实体组合在一起构成复杂的零件模型。

　　布尔运算的工具分 3 种：并集、差集和交集，如图 9-68 所示。

9.5.1　并集

　　并集运算是指将两个或两个以上的实体（或面域）合并在一起，形成一个复合的单一实体（或面域）。

　　并集运算的命令输入方式有以下 3 种：

① 在命令行中输入 union（缩写 uni）↙

② 单击【实体编辑】工具栏或【布尔值】面板中的【并集】按钮 ⊚。

③ 选择菜单【修改】→【实体编辑】→【并集】命令。

并集运算操作实例：

① 绘制两个相交的实体，如图 9-69 所示。

图 9-68　布尔运算的工具

② 单击【实体编辑】工具栏或【布尔值】面板中的【并集】⓪按钮，或者选择菜单【修改】→【实体编辑】→【并集】命令。

命令:_union↙
选择对象:找到 1 个　　　　　　　　//选择长方体(实体一),如图 9-69 所示
选择对象:找到 1 个,总计 2 个　　　//选择圆柱体(实体二),如图 9-69 所示
选择对象:↙

③ 并集运算结束，运算结果如图 9-70 所示。注意：并集运算时，选择实体的顺序不影响运算结果。

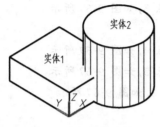
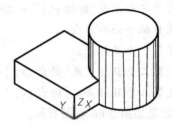

图 9-69　相交的实体　　　　　　　　　图 9-70　并集后的实体

9.5.2　差集

差集运算是指从一组实体中减去与它相交的另一组实体，并在相交的公共区域形成相应的孔、腔体、槽等特征。

差集运算的命令输入方式有以下 3 种：

① 在命令行中输入 subtract（缩写 su）↙

② 单击【实体编辑】工具栏或【布尔值】面板中的【差集】按钮⓪。

③ 选择菜单【修改】→【实体编辑】→【差集】命令。

差集运算操作实例：

① 绘制两个相交的实体，如图 9-69 所示。

② 单击【实体编辑】工具栏或【布尔值】面板中的【差集】⓪按钮，或者选择菜单【修改】→【实体编辑】→【差集】命令。

命令:_subtract //选择要从中减去的实体、曲面和面域...
选择对象:找到 1 个　　　　　　　　//选择长方体(实体 1),如图 9-69 所示
选择对象:　//选择要减去的实体、曲面和面域...
选择对象:找到 1 个　　　　　　　　//选择圆柱体(实体 2),如图 9-69 所示
选择对象:↙

③ 差集运算结束，运算结果如图 9-71 所示。注意：差集运算时，选择实体的顺序会影响运算结果，如果先选择圆柱体，再选择长方体，运算结果则相反，如图 9-72 所示。

9.5.3　交集

交集运算是指从一组相交的实体中提取重叠部分构成新的实体，不重叠的部分删除。

交集运算的命令输入方式有以下 3 种：

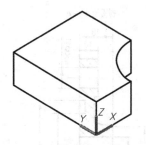

图 9-71 差集运算工具（一）

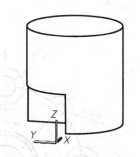

图 9-72 差集运算工具（二）

① 在命令行中输入 intersect（缩写 in）

② 单击【实体编辑】工具栏或【布尔值】面板中的【交集】按钮 。

③ 选择菜单【修改】→【实体编辑】→【交集】命令。

交集运算操作实例：

① 绘制两个相交的实体，如图 9-69 所示。

② 单击【实体编辑】工具栏或【布尔值】面板中的【交集】按钮 ，或者选择菜单
【修改】→【实体编辑】→【交集】命令。

```
命令:_intersect
选择对象:找到 1 个      //选择长方体(实体 1),如图 9-69 所示
选择对象:找到 1 个,总计 2 个
                    //选择圆柱体(实体 2),如图 9-69 所示
选择对象:
```

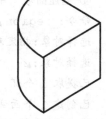

③ 交集运算结束，运算结果如图 9-73 所示。注意：交集运算时，
选择实体的顺序不影响运算结果。

图 9-73 交集运算工具

9.6 三维建模综合实例

前面介绍了三维实体建模和编辑的一般方法。本节以绘制油泵盖的三维实体为例来介绍
复杂零件的三维建模方法。

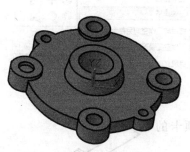

油泵盖的三维模型如图 9-74 所示，其尺寸如图 9-75
所示。

通过分析油泵盖的结构，在 AutoCAD 中建模的思
路是：将模型分解为若干简单实体→对实体进行造型→
通过布尔运算将实体合并完成建模。具体操作步骤如下：

① 新建图形文件　启动 AutoCAD，单击【新建】
按钮，在【选择样板】对话框中选择"acad.dwt"样
板文件。

② 另存为图形文件　将图形文件另存为"油泵
盖.dwg"文件。

图 9-74 油泵盖模型

③ 绘制二维图形　在【草图与注释】空间中绘制如图 9-76 所示的二维图形（保留轮廓
线，可不标注尺寸）。

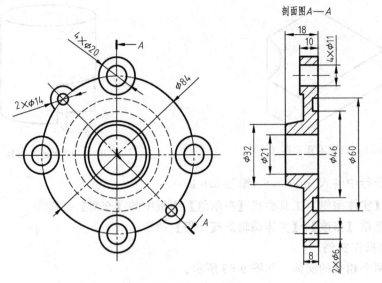

图 9-75　油泵盖尺寸图

④ 创建面域　单击【绘图】面板中的【面域】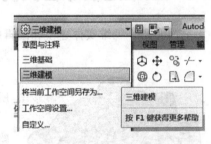按钮，根据命令提示完成面域创建。

命令：_region↙

选择对象：指定对角点：找到 10 个↙　　　　　//框选封闭的轮廓线，如图 9-77 所示

选择对象：↙

已提取 1 个环

已创建 1 个面域

⑤ 切换到【三维建模】空间，如图 9-78 所示。

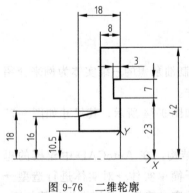

图 9-76　二维轮廓　　　　图 9-77　创建面域　　　　图 9-78　切换至三维建模空间

⑥ 将视图切换为【西南等轴侧】。在【可视化】选项卡的【视图】面板中选择【西南等轴侧】。效果如图 9-79 所示。

⑦ 创建旋转体　在【实体】选项卡→【实体】面板中单击【旋转】按钮，根据命令提示完成旋转体。

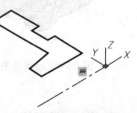

图 9-79　切换视图效果

命令：_revolve↙

当前线框密度：　ISOLINES= 4//闭合轮廓创建模式=

实体
　　选择要旋转的对象或[模式(MO)]:_MO　　　　　　　//闭合轮廓创建模式
　　[实体(SO)/曲面(SU)] < 实体 >:_SO
　　选择要旋转的对象或[模式(MO)]:找到 1 个　　　　　//选择前面创建的面域
　　选择要旋转的对象或[模式(MO)]:↙
　　指定轴起点或根据以下选项之一定义轴[对象(O)/X/Y/Z] < 对象 >:↙
　　选择对象:　　　　　　　　　　　　　　　　　//选择中心轴线
　　指定旋转角度或[起点角度(ST)/反转(R)/表达式(EX)] < 360 >:↙
　　创建结果如图 9-80 所示（显示效果设置：选择菜单【视图】→【实体】命令）。

　　⑧ 旋转坐标系。在【可视化】选项卡→【坐标】面板中单击【Y】按钮，如图 9-81 所示。根据命令提示完成坐标系旋转，使 XY 平面与实体底端面重合、Z 轴指向实体高度方向，如图 9-82 所示。

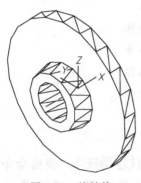

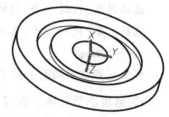

图 9-80　旋转体　　　　　　图 9-81　旋转坐标系命令　　　　　图 9-82　旋转坐标系

　　命令:_ucs↙
　　当前 UCS 名称:* 世界 *
　　指定 UCS 的原点或[面(F)/命名(NA)/对象(OB)/上一个(P)/视图(V)/世界(W)/X/Y/Z/Z 轴(ZA)] < 世界 >:_y↙
　　指定绕 Y 轴的旋转角度 < 90 >:- 90↙

　　⑨ 创建圆柱体。在【图元】面板中单击【圆柱体】按钮 圆柱体，根据命令提示完成圆柱体，圆柱体的坐标位置为（42，0）、直径为 20mm、高度为 10mm。
　　命令:_cylinder↙
　　指定底面的中心点或[三点(3P)/两点(2P)/切点、切点、半径(T)/椭圆(E)]:42,0↙
　　指定底面半径或[直径(D)]:10↙
　　指定高度或[两点(2P)/轴端点(A)] < 3.0000 >:10↙
　　创建结果如图 9-83 所示。

　　⑩ 三维环形陈列。在【建模】工具栏中单击【三维陈列】按钮，根据命令提示完成圆柱体的环形陈列，使 4 个圆柱体均匀分布在实体四周。
　　命令:_3darray↙

图 9-83　绘制圆柱体

选择对象:找到 1 个　　　　　　　//选择圆柱体

选择对象:↙

输入阵列类型[矩形(R)/环形(P)]<矩形>:p↙

输入阵列中的项目数目:4↙

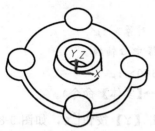

指定要填充的角度(+ = 逆时针,- = 顺时针)< 360>:↙

旋转阵列对象?[是(Y)/否(N)]< Y >:↙

指定阵列的中心点:0,0,0↙

指定旋转轴上的第二点:0,0,18↙

创建结果如图 9-84 所示。

⑪ 并集运算。【实体】选项卡的【布尔值】面板中单击

图 9-84　环形陈列圆柱体　【并集】按钮 ⬤⬤,根据命令提示完成 4 个圆柱体与主体的

　　　　　　　　　　　　合并。

命令:　union↙

选择对象:找到 1 个　　　　　　　//选择油泵盖主体

选择对象:找到 1 个,总计 2 个　　//选择第 1 个圆柱体

选择对象:找到 1 个,总计 3 个　　//选择第 2 个圆柱体

选择对象:找到 1 个,总计 4 个　　//选择第 3 个圆柱体

选择对象:找到 1 个,总计 5 个　　//选择第 4 个圆柱体

选择对象:↙

并集运算结果如图 9-85 所示。

⑫ 创建小圆柱体。在【图元】面板中单击【圆柱体】按钮 🔲圆柱体,根据命令提示完成小圆柱体,圆柱体的直径为 14mm、高度为 8mm,位置为图 9-86 中指示的中点。

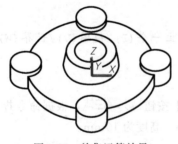

图 9-85　并集运算效果

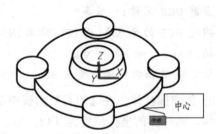

图 9-86　小圆柱体位置

命令:_cylinder↙

指定底面的中心点或[三点(3P)/两点(2P)/切点、切点、半径(T)/椭圆(E)]:

　　　　　　　　　　　　　　　//选择图 9-86 中指示的中点

指定底面半径或[直径(D)]< 7.0000>:7↙

指定高度或[两点(2P)/轴端点(A)]< - 8.0000>:8↙

结果如图 9-87 所示。

⑬ 三维环形陈列。在【建模】工具栏中单击【三维陈列】按钮 ⬛,根据命令提示完成

圆柱体的环形陈列，效果如图 9-88 所示。

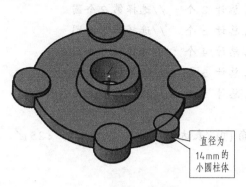

直径为 14mm 的小圆柱体

图 9-87 创建小圆柱体

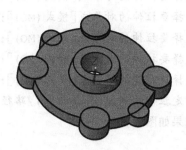

图 9-88 环形陈列小圆柱体

命令:_3darray ↙

选择对象:找到 1 个　　　　　　　//选择小圆柱体

选择对象: ↙

输入阵列类型[矩形(R)/环形(P)] < 矩形> :p ↙

输入阵列中的项目数目:2 ↙

指定要填充的角度(+ = 逆时针,- = 顺时针) < 360> : ↙

旋转阵列对象? [是(Y)/否(N)] < Y> : ↙

指定阵列的中心点:0,0,0 ↙

指定旋转轴上的第二点:0,0,18 ↙

⑭ 并集运算。使 2 个小圆柱体与主体实体合并，操作方法与步骤⑪相同，并集运算结果如图 9-89 所示。

⑮ 绘制同心圆。在 XY 平面绘制 4 个直径为 10mm 的圆和 2 个直径为 6mm 的圆，分别与圆柱体和小圆柱体同心，如图 9-90 所示。

图 9-89 并集运算小圆柱体

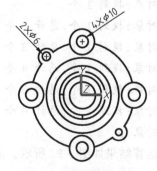

2×φ6　　4×φ10

图 9-90 绘制拉伸元素

⑯ 拉伸操作。在【实体】选项卡→【实体】面板中单击【拉伸】按钮，如图 9-91 所示。

命令:_extrude ↙

当前线框密度:ISOLINES= 4　//闭合轮廓创建模式= 实体

选择要拉伸的对象或[模式(MO)]:_MO　//闭合轮廓创建模式[实体(SO)/曲面(SU)] < 实体> :_SO

选择要拉伸的对象或[模式(MO)]:找到 1 个　　　　　//选择第 1 个圆

选择要拉伸的对象或[模式(MO)]:找到 1 个,总计 2 个　　//选择第 2 个圆

选择要拉伸的对象或[模式(MO)]:找到 1 个,总计 3 个　　//选择第 3 个圆

选择要拉伸的对象或[模式(MO)]:找到 1 个,总计 4 个　　//选择第 4 个圆

选择要拉伸的对象或[模式(MO)]:找到 1 个,总计 5 个　　//选择第 5 个圆

选择要拉伸的对象或[模式(MO)]:找到 1 个,总计 6 个　　//选择第 6 个圆

选择要拉伸的对象或[模式(MO)]:↙

指定拉伸的高度或[方向(D)/路径(P)/倾斜角(T)/表达式(E)]< 15.0000> :25↙

结果如图 9-91 所示。

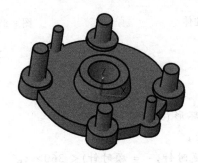

图 9-91　拉伸实体

⑰ 差集运算。【实体】选项卡的【布尔值】面板中单击【差集】按钮 ⬤，根据命令提示完成差集运算，从主体上将拉伸的实体减去。

命令:_subtract↙　　　　　　　　　　//选择要从中减去的实体、曲面和面域...

选择对象:找到 1 个　　　　　　　　　//选择油泵盖主体

选择对象://选择要减去的实体、曲面和面域...

选择对象:找到 1 个　　　　　　　　　//选择第 1 个拉伸实体

选择对象:找到 1 个,总计 2 个　　　　//选择第 2 个拉伸实体

选择对象:找到 1 个,总计 3 个　　　　//选择第 3 个拉伸实体

选择对象:找到 1 个,总计 4 个　　　　//选择第 4 个拉伸实体

选择对象:找到 1 个,总计 5 个　　　　//选择第 5 个拉伸实体

选择对象:找到 1 个,总计 6 个　　　　//选择第 6 个拉伸实体

选择对象:↙

差集运算结果如图 9-92 所示。油泵盖三维模型创建完成。

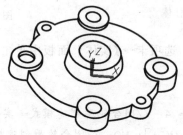

图 9-92　差集运算结果

同 步 练 习

根据图 9-93～图 9-96 给出的尺寸，分别绘出三维模型。

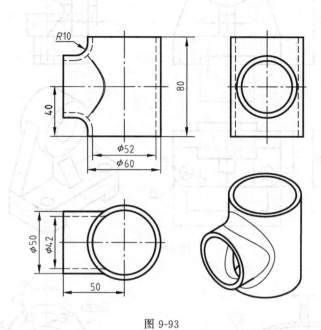

图 9-93

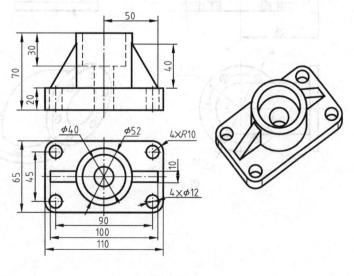

图 9-94

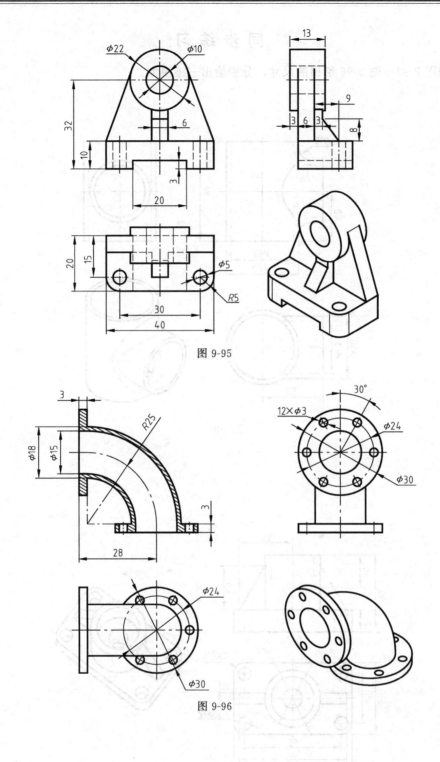

图 9-95

图 9-96

第10章
文件输出与打印

在 AutoCAD 2016 中完成图形绘制后，可以通过打印机进行图纸输出，也可以将保存为 DWF 格式的图形文件发布到 Web 网页中，以供其他用户通过 Internet 访问。

10.1　模型空间及图纸空间

在 AutoCAD 2016 中，有【模型空间】和【图纸空间】两种不同的工作环境，一般情况下，在模型空间创建和编辑模型，在图纸空间构造图纸和定义视图。在图形输出之前，首先确定图形是否绘制完成，然后在图幅的限定下确定图形的输出比例，再进行布局排版，最后打印出图。所以，AutoCAD 的图形输出之前，必须掌握模型空间和图纸空间的概念。

10.1.1　模型空间

模型空间是绘制、编辑二维或三维图形时所处的 AutoCAD 环境。它是一个三维环境，可以全方位地显示图形对象。当启动 AutoCAD 后，工作环境默认处于模型空间。工作环境是否处于模型空间，可以查看绘图区域底部的【模型】选项卡是否处于选取或加亮状态，如图 10-1 所示。

激活【模型空间】可以采用以下几种方法：

① 选择【模型】选项卡，如图 10-1 所示。

② 在任一【布局】选项卡上单击鼠标右键，然后在弹出的快捷菜单中选择【激活模型选项卡】命令，如图 10-2 所示。

图 10-1　模型选择卡

图 10-2　快捷菜单激活模型空间

注意：如果【模型】和【布局】选项卡都处于隐藏状态，可以在【选项】对话框中的【显示】选项栏中进行设置，如图10-3所示。

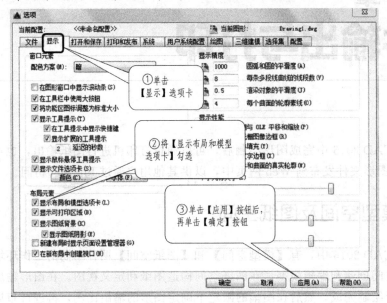

图 10-3 设置模型和布局选项卡的显示步骤

10.1.2 图纸空间

图纸空间是设置、管理模型视图和布局注释的二维空间，是一个图纸布局环境，可以在这个布局环境中指定图纸大小、显示模型的多个视图、添加标题栏以及创建图形的标注和注释等。

图纸空间可以通过【布局】选项卡访问。在图纸空间可以设置带有不同标题栏和注释的布局，可以在每个布局上创建显示不同模型空间视图的布局视口，如图10-4所示。

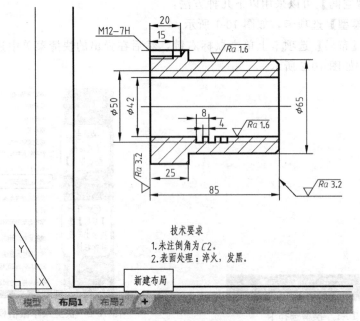

图 10-4 新建布局

注意：模型空间和图纸空间之间的切换通过单击绘图区域下方的【模型】和【布局】选项卡。

10.2　创建新布局

布局空间模拟图纸页面，可以为个模型设置多个不同的布局，每个布局都代表着一张可以打印输出的图纸。创建新布局后，可以在布局中创建浮动视口，还可以设置各视口中图形的打印比例和控制图层的显示。

新建图形时，AutoCAD 系统默认生成【布局1】和【布局2】两个选项卡，如图 10-4 所示。根据各种不同的使用要求，还可以使用【创建布局】向导创建新的布局。

创建布局的步骤如下。

① 用以下几种方式打开【创建布局—开始】对话框：

a. 在命令行输入 layoutwizard ✓ 。

b. 选择菜单【插入】→【布局】→【创建布局向导】命令，如图 10-5（a）所示。

c. 选择菜单【工具】→【向导】→【创建布局】命令，如图 10-5（b）所示。

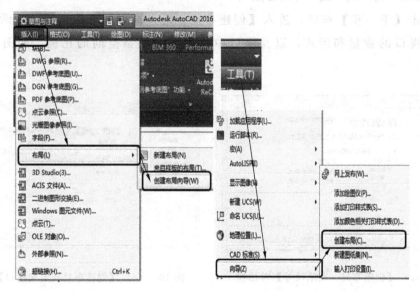

(a)从插入菜单栏中打开　　　　　　　　(b)从工具菜单栏中打开

图 10-5　创建布局向导打开方式

② 打开【创建布局—开始】对话框后，在对话框中将【输入新布局的名称】更改为"零件图"，如图 10-6（a）所示。

③ 单击【下一步】按钮，进入【创建布局—打印机】对话框，在【为新布局选择配置的绘图仪】栏中选择一种配置好的打印设备（如：选择"DWG To PDF.pc3"），如图 10-6（b）所示。

④ 单击【下一步】按钮，进入【创建布局—图形尺寸】对话框，选择布局使用的图纸尺寸为"ISO full bleed A3（420.00mm×297.00mm）"，选择【图形单位】为"毫米"，如图 10-6（c）所示。

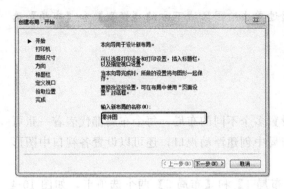

图 10-6 (a) 【创建布局—开始】对话框

图 10-6 (b) 【创建布局—打印机】对话框

⑤ 单击【下一步】按钮，进入【创建布局—方向】对话框，选择图形在图纸上的方向为"横向"。

⑥ 单击【下一步】按钮，进入【创建布局—标题栏】对话框，在路径栏中选择标题栏样式，类型选择为"块"或"外部参照"。

⑦ 单击【下一步】按钮，进入【创建布局—定义视口】对话框，在对话框中定义新布局中视口的数量和形式，以及视口中的视图与模型空间的比例，如图 10-6 (d) 所示。

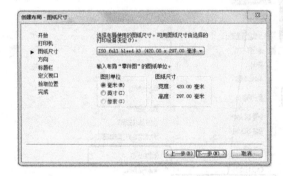

图 10-6 (c) 【创建布局—图纸尺寸】对话框

图 10-6 (d) 【创建布局—定义视口】对话框

⑧ 单击【下一步】按钮，进入【创建布局—拾取位置】对话框，单击【选择位置】按钮，界面自动切换到绘图窗口后，在绘图区域中指定两个对角点来确定视口的大小和位置。

⑨ 单击【下一步】按钮，进入【创建布局—完成】对话框，单击【完成】按钮，新布局创建完成，如图 10-6 (e) 所示。

注意：创建新布局还可以通过单击【布局】选项卡旁边的"+"进行快速创建。

图 10-6 (e) 【创建布局—完成】对话框

10.3 页面的设置及管理

页面设置是指设置打印图形时所须的打印设备、打印样式、图纸尺寸、缩放比例、打印区域和图形方向等项目，通过这些设置来达到最佳的输出效果。

页面设置通过【页面设置管理器】进行设置，可以通过以下方式打开【页面设置管理器】对话框：

① 在命令行输入 pagesetup✓。

② 选择菜单【文件】→【页面设置管理器】命令，如图 10-7 所示。

输入命令后，系统弹出【页面设置管理器】对话框，如图 10-8 所示。在【当前页面设置】列表栏中列出了可应用于当前布局的页面设置，系统默认指定的页面设置为"模型"。在【选定页面设置的详细信息】栏中显示了所选定页面设置的相关信息。对话框右侧的【置为当前】、【新建】、【修改】和【输入】4 个按钮分别用于将选定页面设置设为当前状态、新建页面设置、修改选中的页面设置和从已有图形中导入页面设置。

图 10-7 打开【页面设置管理器】对话框

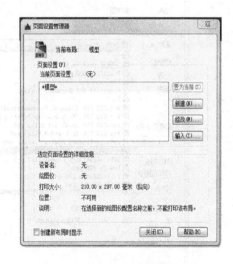

图 10-8 【页面设置管理器】对话框

新建页面设置和修改页面设置的过程类似，下面以新建一个名称为"零件图"的页面设置为例，其过程如下：

① 单击【页面设置管理器】对话框的【新建】按钮，弹出【新建页面设置】对话框，如图 10-9 所示。

② 更改【新页面设置名】为"零件图"，【基础样式】选择"模型"，然后再单击【确定】按钮，弹出【页面设置—模型】对话框，如图 10-10 所示。

③ 设置【打印机/绘图仪】选项组：在【名称】下拉列表框中选择需要的打印设备，如图 10-11 所示。本例选择"DWF6 ePlot. pc3"。

④ 设置【图纸尺寸】选项：在下拉列表框中选择需要的图纸尺寸，如图 10-12 所示。本例选择"ISO full bleed A3（420.00mm×297.00mm）"。

图 10-9 【新建页面设置】对话框

图 10-10 【页面设置—模型】对话框

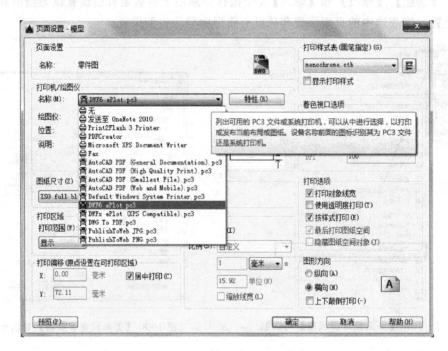

图 10-11 【打印机/绘图仪】设置

⑤ 设置【打印区域】：用于确定图形的打印范围，在【打印范围】下拉列表框中有"图形界限"、"窗口"和"显示"三个选项。本例选择默认的"图形界限"选项，如图 10-13 所示。

⑥ 设置【打印偏移】：用于确定打印图形区域相对于打印原点的偏移量。本例勾选"居中打印"，如图 10-13 所示。

⑦ 设置【打印比例】：用于确定图形的打印比例，在【比例】下拉列表框中列有常用的打印比例选项，可以根据需要进行选择。本例选择"布满图纸"，如图 10-13 所示。

⑧ 设置【打印样式表】：下拉列表框中选择所需的打印样式。选择某一样式后，单击【样式编辑】按钮，会弹出【打印样式表编辑器】对话框，可以根据打印输出要求进行样式

图 10-12　【图纸尺寸】设置

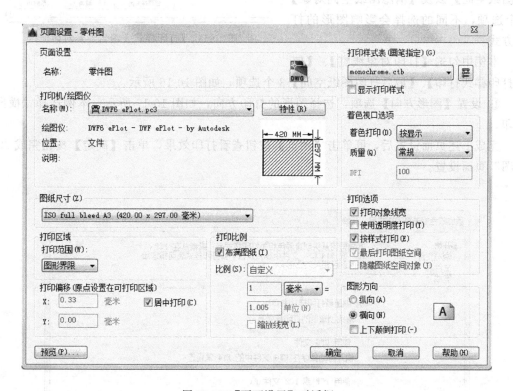

图 10-13　【页面设置】对话框

编辑，如图 10-14 所示。如果选择下拉列表框中的【新建】命令，会弹出【添加颜色相关打印样式表—开始】对话框，可以根据要求和步骤提示进行新打印样式的设置，如图 10-15 所示。

　　本例的打印样式选择 "monochrome.ctb" 样式，如图 10-13 所示。

⑨ 设置【着色视口选项】：着色视口打印选项应用于视口和模型空间中的所有图形对象。使用着色打印选项，可以在【着色打印】下拉列表框中选择"按显示""线框""消隐"和"渲染"等选项，可以在【质量】下拉列表框中选择"常规""草稿""预览"和"最高"等选项。

本例中【着色视口选项】设置为系统的默认状态：【着色打印】选择"按显示"，【质量】选择"常规"，如图 10-13 所示。

⑩ 设置【打印选项】选项。在此选项中有【打印对象线宽】、【使用透明度打印】、【使用打印样式打印】、【最后打印图纸空间】以及【消隐图纸空间对象】5 个选项，不同的选择会影响图形的打印方式。

图 10-14 【打印样式表编辑器】对话框

本例中勾选【打印对象线宽】、【使用打印样式打印】、【最后打印图纸空间】3 个选项，如图 10-16 所示。

⑪ 设置【图形方向】选项：选择图形的打印方向，如图 10-17 所示。本例选择"横向"打印。

完成上述页面设置后，可单击【预览】按钮查看打印效果，单击【确定】按钮完成"零件图"页面设置。

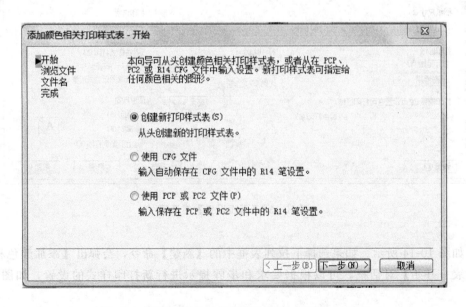

图 10-15 【添加颜色相关打印样式表—开始】对话框

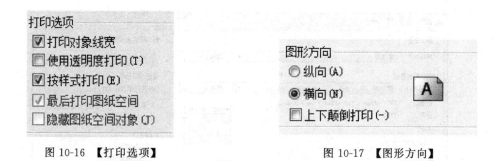

图 10-16 【打印选项】   图 10-17 【图形方向】

10.4 打印输出

图形可以在模型空间中打印输出,也可以在图纸空间中打印输出。在模型空间可以通过以下方式调出打印命令:

① 在命令行输入 plot✓ 。

② 选择菜单【文件】→【打印】命令。

③ 单击标准工具栏中的🖶【打印】按钮。

以模型空间打印图纸为例,输出打印的步骤如下:

① 确认图纸的图框与图形界限匹配,打印图形如图 10-18 所示。

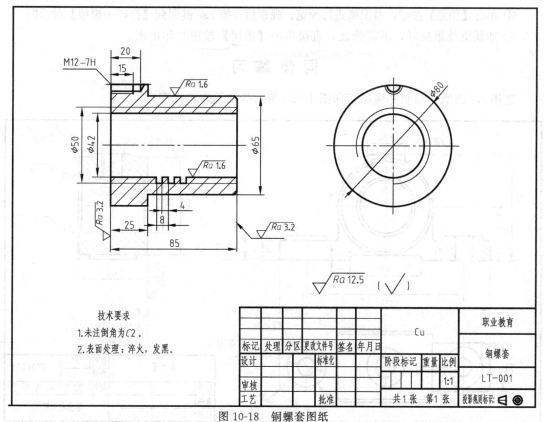

图 10-18　铜螺套图纸

② 选择菜单【文件】→【打印】命令,系统弹出【打印-模型】对话框,如图 10-19 所示。

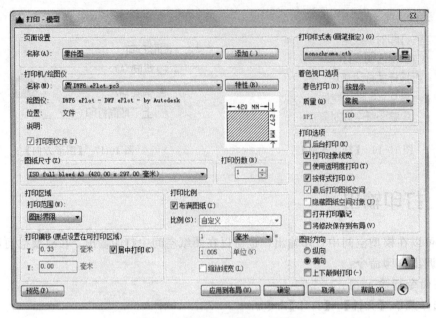

图 10-19 【打印—模型】对话框

③ 在对话框中，选择【页面设置】的【名称】为上节中设置的页面设置"零件图"，其他选项将自动调节到设置好的选项，如图 10-19 所示。

④ 单击【预览】按钮，对图纸进行预览，观察后，按 Esc 键回到【打印—模型】对话框。

⑤ 如预览效果良好，不需修改，直接单击【确定】按钮打印出图。

同 步 练 习

选用 A4 图纸，绘制并输出打印图 10-20 所示的轴承座零件图。

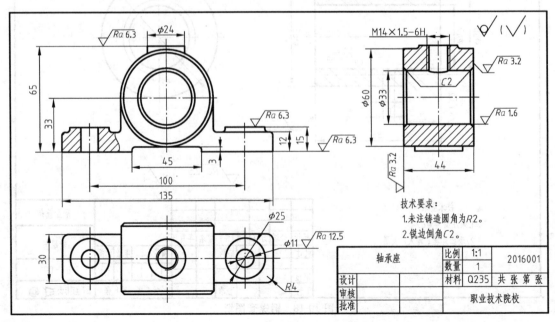

图 10-20

参 考 文 献

[1] 赵松涛. AutoCAD2008 机械绘图实用教程. 北京：北京理工大学出版社，2011.

[2] 博创设计坊. AutoCAD2016 中文版. 北京：机械工业出版社，2016.

[3] 龙马高新教育. AutoCAD2016 从新手到高手. 北京：人民邮电出版社，2016.

[4] 麓山文化. AutoCAD2011 中文版机械设计经典. 北京：机械工业出版社，2011.

[5] 麓山文化. 中文版 AutoCAD2016 室内装潢设计经典. 北京：机械工业出版社，2015.

[6] 张永茂. AutoCAD2008 中文版机械绘图实例教程. 北京：机械工业出版社，2008.

[7] 季阳萍. AutoCAD2009 实用教程. 北京：化学工业出版社，2009.